Schroeder, Minka

085

AF869779

Schröder + Weise

Hannover

0511-572037

Hannover-Badenstedt

Hohe Feldweg 1

(Lehrter Str.)

Schmarbeck · Auto-Museen in Europa

Wolfgang Schmarbeck

Auto-Museen in Europa

Motorbuch Verlag Stuttgart

Umschlag: Siegfried Horn
Das Titelbild zeigt einen Fondu Typ OF, Baujahr 1906, aus dem Automuseum Honthalen/Belgien

ISBN 3-87943-852-8

1. Auflage 1982

Eine Abteilung des Buch- und Verlagshauses Paul Pietsch GmbH & Co. KG.

Satz und Druck: studiodruck, 7440 Nürtingen-Raidwangen.
Bindung: Großbuchbinderei E. Riethmüller, 7000 Stuttgart.
Printed in Germany.

Inhalt

DDR Deutsche Demokratische Republik

DK Dänemark

F Frankreich

Vorwort

Beim näheren Umgang mit dem Automobil erweist es sich, daß technische Neuerungen ihre Grundlage häufig im bereits Gewesenen haben. Diesen Aufbau der Entwicklung sinnfällig darzustellen sollte die Aufgabe eines jeden Museums sein. Die Mehrheit der Auto- und Motorrad-Museen hat sich einem solchen Auftrag verschrieben. Manche begnügen sich allerdings mit der bloßen Zurschaustellung gesammelter Fahrzeuge.

In diesem Buch sind alle in Deutschland und in den angrenzenden Ländern öffentlich zugänglichen Museen enthalten. Wegen der Vielfalt der in vergangenen Jahren hinzugekommenen Sammlungen ist darüber hinaus noch eine Auswahl derjenigen Museen getroffen worden, die eine beständige Existenz erkennen lassen und die ohne größere Umstände erreichbar sind.

Der gelegentliche Austausch einzelner Ausstellungsobjekte von Museum zu Museum sorgt für willkommene Abwechslung. Dadurch ist jedoch eine verbindliche Aufzählung und Beschreibung aller gezeigten Wagen und Zweiräder innerhalb einer bestimmten Ausstellung nicht durchführbar.

Daß die vorliegende Zusammenstellung überhaupt möglich wurde, verdanke ich in erster Linie meiner Frau, die mir die Hauptlast der dazu notwendigen Arbeit abgenommen hat. Aber ich sage auch allen Leuten meinen herzlichen Dank, die uns Informationen und wichtige Unterlagen zu dem Thema übermittelt haben oder uns mit Einzelheiten vertraut machten.

Jedem, der einen Spleen für historische Fahrzeuge hat, wird hier ein Wegweiser zu den Orten seiner Lieblingsfahrzeuge geboten. Ganz besonders aber soll das Buch aktuell über die Quellen unterrichten, wo ein zusätzliches Wissen von der Geschichte des Kraftfahrzeugs vermittelt wird.

Wolfgang Schmarbeck

Automobil-Historisches Museum Schloß Ebelsberg

A-4020 Ebelsberg-Linz
Telefon: 07222/55025

Öffnungszeiten:
Mai bis August täglich 9.00–17.00 Uhr
oder nach Voranmeldung

Parkplätze vorhanden

Das 1977 eröffnete Automobil-Historische Museum im Schloß Ebelsberg bei Linz hat es sich zur Aufgabe gemacht, die Freude am Betrachten »historischer« Automobile und ein zusätzliches Wissen zu vermitteln.

Mit 20 bis 25 Fahrzeugen aus 6 Jahrzehnten wie Chenard-Walcker 1906, Opel Phaeton 1908, Renault NN 1923, Amilcar 1927, Steyr Typ Opel 1932, Maserati C6 GS 1954, Lotus Elite 1954, Formel V Rennwagen 1966 und Mercedes Cabriolet 220 S von 1956 wurde der Anfang zu einer Sammlung gemacht, die einmal nur Veteranen, also Fahrzeuge bis 1920, präsentieren wird. Sie soll nicht nur ein »Schauobjekt« für Automobil-Fans sein, sondern ein bedeutsamer Lehrbehelf, der dem Unterricht an technischen Lehranstalten zusätzliche Informationen verleiht.

Auch Motorräder, Motoren, Getriebe, Achsen und diesbezügliche Lektüre dienen dem Studium der Automobil-Geschichte und finden beim interessierten Publikum sicher großen Anklang.

Für das leibliche Wohl, einer kleinen Ruhepause oder einem kurzen Studium bietet sich ein Restaurant in der Nähe an.

Sammlung der Steyr-Daimler-Puch A.G.

Steyr-Daimler-Puch A.G. Bereich Graz
Postfach 823
A-8011 Graz
Telefon: 0316/4001

Öffnungszeiten:
nur bei Werksbesichtigung
Parkplätze vorhanden

Puch Type »V« mit Beiwagen, 4–5 PS, gebaut 1905/1906.

Puch Type »350 GS«, 14 PS, gebaut 1938.

Einen Fundus von derzeit 19 Ausstellungsstücken besitzt diese Werkssammlung. Dabei handelt es sich in der Mehrzahl um Motorräder aus der Zweiradproduktion zwischen 1905 und 1971.

Die ehemalige »Österreichische Waffenfabriks-Gesellschaft« begann bereits 1894 mit der Herstellung von Fahrrädern (»Steyr-Waffen-Rad«). Im gleichen Jahr lief die Produktion von Flugmotoren an. Erst 1916 wurde der Beschluß zur Errichtung einer Automobilfabrik gefaßt und 1920 konnte das erste Steyr-Automobil, das »Waffenauto« Typ II, mit 12/40 PS Sechszylinder-Motor und Kardanantrieb nach den Konstruktionsplänen von Hans Ledwinka in Serie gehen. 1921 verließ Ledwinka Steyr und ging zurück zu Tatra.

Nach acht Jahren, also 1929, wird Ferdinand Porsche Vorstandsmitglied und Chefkonstrukteur der Steyr-Werke A.G.

1934 vereinigten sich die Austro-Daimler-Puchwerke A.G. mit der Steyr Werke A.G. und 1935 wurde die Steyr-Daimler-Puch A.G. in das Handelsregister Wien eingetragen.

Nach dem 2. Weltkrieg war Erich Ledwinka, Sohn des bekannten Tatra-Konstrukteurs, maßgeblich an den Fahrzeug-Konstruktionen beteiligt.

Fahrzeug-Museum Schloß Kremsegg

Schloß Kremsegg Betriebsgesellschaft mbH
Kremseggerstraße 69
A-4550 Kremsmünster
Telefon: 07583/247

Öffnungszeiten:
Samstag, Sonntag und Feiertag:
10.00–12.00 Uhr und 14.00–16.00 Uhr,
Dienstag – Freitag nur nach Vereinbarung zwischen 8.00 und 12.00 Uhr,
Montag geschlossen

Parkplätze vorhanden

Walter P 4, Baujahr 1928.

Steyr XXX, Baujahr 1930.

Auf einem Berg, inmitten einer hügeligen Landschaft, liegt das Schloß Kremsegg. 1433 wurde diese ehemalige Festung erstmals urkundlich erwähnt. In dem 1236 gebauten Wirtschaftsgebäude sind auf 1540 qm über 70 Fahrzeuge untergebracht. Seit September 1978 bietet sich hier ein Extrakt aus dem Automobilbau vom Anbeginn bis zur Gegenwart.

Diese Sammlung konzentriert sich hauptsächlich auf Mercedes-Benz-Fahrzeuge und überläßt dieser Marke einen breiten Raum.

Durch Adler, BMW, VW usw. sind Automobile deutscher Erzeugung wohl in der Mehrzahl.

Mit Stimula 1908 und 1912; Citroën 5 CV von 1922; Amilcar CC von 1922 (Frankreich); Ford T 1913 (USA); Austro-Fiat 2 DR von 1920 und 2 AF 1 von 1923 (Österreich); Walter P 4 von 1928 (Tschechoslowakei); Rolls Royce (England) und Lancia (Italien), um nur einige aufzuzählen, erweist sich dieses Museum dennoch recht international in seinem Angebot.

Ein Feuerwehrwagen von 1930 mit Boxer-Spritzenmotor, ein Veloziped von 1890, Schlitten von 1850 und 1920 und ein Zigeunerwagerl von 1900 bilden eine willkommene Abwechslung.

Ein Restaurant lädt zu einer Pause und Stärkung ein.

Kremsmünster liegt an der Autobahn Salzburg-Linz, Abfahrt Sattledt.

Sammlung »Schnelle Motorräder und Motoren«

Sammlung Brandstetter
Brunngasse 23
A-3100 St. Pölten
Tel. 02742/3436

Öffnungszeiten:
nur nach vorheriger Anmeldung
Parkplätze vorhanden

Sunbeam-Rennmaschine, 1925.

St. Pölten, 55 km westlich von Wien gelegen, ein Reiseziel für Urlauber, bietet auch dem Zweirad-Freund einen Leckerbissen. Die seit 1960 bestehende Sammlung bewahrt 60 Motorräder und 50 Motoren, die die Geschichte des österreichischen Motorsports widerspiegeln. Die meisten von ihnen besitzen eine ruhmreiche Vergangenheit, und auch jetzt noch machen eine Sunbeam-Rennmaschine mit Königswellenmotor von 1925, eine Rudge »Whitworth«, 500 ccm, 4 Ventile und 4 Gänge von 1928, eine Motosacoche 500 ccm von 1934, eine Norton 500 ccm von 1926, eine Sarolea 500 mit lenkbarem Seitenwagen von 1932 oder die erfolgreichste Sandbahn-Rennmaschine Europas, die 350-ccm-Schneeweiss-Spezial ein Stück Renngeschichte vergangener Zeit dem Betrachter gegenwärtig.
Dazu vermitteln einige Personenwagen (Austro-Daimler ADR, BMW 328, Mercedes-Benz 300 SL und Ford Thunderbird), die sich der Atmosphäre dieser Sammlung anpassen, dem mehr allgemein interessierten Besucher einen Blick auf besondere Automobilbaukunst.

Techn. Museum für Industrie und Gewerbe

Mariahilfer Straße 212
A-1140 Wien
Telefon: 83 36 18

Öffnungszeiten:
Dienstag bis Freitag 9.00–16.00 Uhr,
Sa, So u. Feiertag: 9.00–13.00 Uhr,
26. Okt. (Nationalfeiertag) und 24. Dez.
(Tag des Kindes): 9.00–16.00 Uhr.
Geschlossen: montags, 1. Januar, Karfreitag,
1. Mai, Fronleichnam, 1. und 2. November,
25. Dezember

Nur wenige Parkplätze

Benzin-elektrischer Wagen, System Lohner-Porsche, gebaut 1901–1905.

Von 1909 bis 1913 wurde an diesem Gebäude gearbeitet, und es vergingen noch weitere 6 Jahre bis zur Eröffnung 1918. Die Abteilung Straßenfahrzeuge umfaßt eine Fläche von 600 qm und beinhaltet 30 Automobile aus den Jahren 1885–1960.
Eine Reihe seltener Fahrzeuge, so das Benz-Dreirad (Originalnachbau) 1885; der Marcus-Wagen 1888; ein Lohner-Porsche Elektromobil mit je einem Radnabenmotor in den Vorderrädern von 1900; ein Lohner-Porsche mit je einem Radnabenmotor in den Hinterrädern von 1906; ein Dampfwagen, Konstruktion Knoller-Friedmann von 1906; Gräf & Stift 1911; DU-Wagen 1914; ESA-Cyclecar 1917; Austro-Daimler 1920; Porsche-Versuchswagen mit benzin-elektrischem Betrieb; ein Perl von 1925 wie noch andere präsentieren sich dem Besucher und zeugen von vielfältigen Konstruktionsideen.
Ein Buffet im Hause sorgt für eine Stärkung zwischendurch.

Provinciaal Automuseum Houthalen

Kelchterhoef
B-3530 Houthalen
Telefon: (011) 55803/380211

Öffnungszeiten:
1. April–30. Sept. tägl. 10.00–19.00 Uhr,
1. Okt.–31. März tägl. 10.00–17.00 Uhr,
erste und letzte Woche des Jahres geschlossen.
Parkplätze vorhanden

0032 11600540

0032 11 237450

Ford »N«, Baujahr 1906.

Beim Besuch dieses Museums offenbaren sich 50 Jahre Automobilgeschichte. Über 100 Fahrzeuge aus der Mahy-Collection werden hier dem Betrachter präsentiert. Alle Wagen befinden sich in einem ausgezeichneten Zustand und sind fahrbereit. Bei der Restaurierung der Autos wurde größtes Augenmerk auf Originalität und Exaktheit gelegt. Dabei war es von geringer Bedeutung, ob es sich um ein kleines Vehikel oder großes Gefährt handelte. Es gibt viele geläufige, aber auch weniger bekannte Markennamen: Alfa Romeo, Alva, Belga-Rise, Bellanger, Benz, Bugatti, Cadillac, Clement Bayard, Cord, Cottereau, Daimler, Darmont, Darracq, Delage, Delahaye, Dixi, Essex, F.N., Fondu, Franklin, Germain, Graham, Hansa, Hispano-Suiza, Horch, Hudson, Imperia, Jensen, Lacroix De Laville, Lancia, Lanz, La Salle, Luc Court, Maybach, Mercedes, Minerva, Nagant, Peugeot, Pierron, Prunel, Rovin, Standard, Star, Suere, Vivinus, Voisin und Volugrafo. Sie sind meist mit mehreren Typen vertreten und verleihen einen Blick in die Vielfältigkeit der Automobil-Entwicklung.

An den Wänden angebrachte Plakate sowie Kleinteile aus der jeweiligen Zeit gestalten das Gesamtbild abwechslungsreich, und auch bei öfteren Besuchen werden neue Eindrücke und neues Wissen vermittelt.

Die reichhaltige Sammlung von Ghislain Mahy (rund 800 Exemplare) macht einen Austausch einzelner Exponate möglich. Unabhängig davon

ist geplant, die gesamte Collection Mahy eines Tages in einer anderen Umgebung zu zeigen.
Das Museum ist ein moderner Komplex von 5760 qm und liegt inmitten des Naturparks Kelchterhoef, ca. 2 km von Houthalen entfernt. Die H-förmige, niedrige Bauform paßt sich der Wald- und Heidelandschaft an, die als Natur- und Erholungsgebiet ihren besonderen Reiz hat.
Eine Cafeteria, für eine Atempause zwischendurch, ist dem Museum angeschlossen und bietet Platz für 400 Personen.
Houthalen liegt an der Autobahn Aachen-Antwerpen, 12 km nördlich von Hasselt.

Fahrzeug-Museum Pietro Agustoni

Via E. Bossi 6
CH-6830 Chiasso
Telefon: 091/442646

Öffnungszeiten:
nur nach telefonischer Vereinbarung
Parkplätze vorhanden

Im Süden des Landes, unweit der italienischen Grenze, befindet sich dieses Museum. Auf 300 qm Ausstellungsfläche und mit 30 Veteranenautos aus fünf Jahrzehnten, beginnend mit dem Lion Peugeot 1904, wird dem Besucher ein informativer Ausschnitt aus früherer Automobilproduktion geboten. Dazu gehören auch Bianchi 1906, Rolland-Pilain 1918, Fiat 15 TR von 1918, Delahaye Torpedo 1923, De Dion-Bouton Spyder 1920, Bugatti Typ 44 von 1926 und Typ 40 von 1927, BMW 319 und 328 Cabriolets aus den 30er Jahren, Buick Royal Cabriolet 1935, Fiat Stanguellini Rennsportwagen 1937, Mercedes 300 SL von 1955, Riley Cabriolet 1934, Rolls Royce 51 GYD 1934, Packard Berlina 1947, Fiat Topolino B 1948 sowie ein Lotus Rennwagen von 1951. Als die noch einzig existierenden Exemplare gelten die beiden Fahrzeuge Aurea 500 Sport von 1925 und Bianchi Landaulet von 1906, die auch zum Besitz dieser Sammlung gehören.

Eine kleine Motorrad-Abteilung, bestehend aus BMW Rennmaschine, BSA, Colibri, Favor, Fusi Rennmaschine, FWL, Guzzi, Nimbus, SCM und Zehnder, findet sicher besonderen Anklang bei den Zweirad-Freunden.

Im nahegelegenen Restaurant kümmern sich fleißige Hände um das leibliche Wohl.

Das Museum befindet sich in Stabio, im südlichsten Zipfel des Kantons Tessin, 10 km westlich von Chiasso und ca. 30 km südlich von Lugano.

Collection Pierre Strinati

35, chemin du Pré-Langard
CH-1223 Cologny
Telefon: 522036, 521544

Öffnungszeiten:
nur nach Vereinbarung und in Begleitung des Konservators
Parkplätze vorhanden

Horch 853.

Pegaso Z-102.

Einige tausend PS birgt hier die Sammlung edelster Sport- und Grand Tourisme-Wagen aus den Jahren 1936–1956. Jedes der 23 rassigen Fahrzeuge dieser Kollektion verkörpert die Spitzenklasse seiner Marke.
Alfa Romeo 8 C 2900, Aston Martin DB 2, BMW 328 und 507, Bugatti 57 und 57C, Delage D 8-120, Delahaye 135 M und 135 MS, Ferrari 212, Horch 853, Jaguar SS 100, Lagonda V 12, Lancia Astura, Maserati A 6 1500, Maybach SW 38, Mercedes-Benz 540 K und 300 SL, Pegaso Z-102, Talbot T 150 C, T 150 C SS und Talbot Lago Grand Sport sowie Voisin C 30 waren schon zu ihrer Zeit höchst begehrte Autos und haben bis heute nichts von ihrer Exklusivität verloren.
Die Fahrzeuge sind in einer 300 qm großen Ausstellungshalle untergebracht und befinden sich in einem ausgezeichneten Zustand.
Cologny liegt am östlichen Stadtrand von Genf, oberhalb des Genfer Sees.

Automobilsammlung Anderegg

Kerzersstraße 105
CH-3284 Fräschels
Telefon: 031/95 56 38

Öffnungszeiten:
(Nach telefonischer Voranmeldung)
täglich 9.00–12.00 Uhr und 14.00–18.00 Uhr,
Mittwoch geschlossen
Parkplätze vorhanden

Delahaye 135 MS, Coupé Special von 1947.

Die reizvolle Gegend wäre schon Grund genug, hier einen Aufenthalt zu planen. Auch der 600 qm große Flachbau, in dem diese Sammlung untergebracht ist, paßt sich der Landschaft an und bietet einen weiteren Anlaß, den Aufenthalt zu verlängern. Mit 30 Automobilen der Spitzenklasse, z. B. Rolls Royce Phantom III (12-Zylinder) von 1936, RR Silver Cloud I von 1957, Delahaye 135 MS von 1947, Austin Seven Prototyp Rennwagen von 1927, Mercedes-Benz 300 SL von 1957 und 300 S Cabriolet von 1955, Lancia GT Coupé von 1960, Continental MK II von 1955 und MK III von 1968, Thunderbird Coupé von 1960 und Cabriolet von 1957, Glas Frua Coupé von 1966 usw., verbreitet diese Sammlung dem Liebhaber einige Aufregung.
Die Fahrzeuge befinden sich alle in einem original neuwertigen Zustand.
Zu erreichen ist Fräschels auf der Autobahn Bern-Lausanne (Murten), Abfahrt Kerzers.

Musée Jean Tua de l'automobile et de la Moto

3, rue Pestalozzi
CH-1202 Genf
Telefon: 023/333184

Öffnungszeiten:
nur für ernsthaft Interessierte nach Vereinbarung

Parkplätze vorhanden

Hinstin, 6 PS, Baujahr 1921.

Nicht nur aus Sammlerleidenschaft und -liebhaberei entstand dieses Museum. Das Wissen und das Interesse an der Motorentechnik waren der Ansporn dazu. Mit über 100 Automobilen und fast ebenso vielen Motorrädern ist es die größte private Sammlung in der Schweiz. Aus Platzmangel werden in einer 600 qm großen Halle nur etwa 50 Autos und auch 50 Motorräder ausgestellt.
Die Scala reicht von Bollée-Darracq 1896 über Albion 1903, De Dion-Bouton 1904, Vermorel 1911, Clement-Bayard 1911, La Ponette 1912, Philos 1914, Hinstin 1921, Lorrain Dietrich 1922, Packard 1927, Buick 1926, Jaguar XK 150 S von 1959 und Mercedes-Benz 300 SL von 1962 bis zum Jaguar E-Type V12 von 1973. So ist es eine eindrucksvolle Sammlung von Fahrzeugen der Automobilgeschichte von 1896 bis 1973.
Es bleibt nur zu hoffen, daß durch die Errichtung eines öffentlichen Automobil-Museums diese Sammlung einem breiteren Publikum präsentiert werden kann.

Motorrad-Museum Hilti

Kirchstraße 43
CH-9202 Gossau SG
Telefon: 071/85 16 56

Öffnungszeiten:
Samstag, Sonntag 9.00–17.00 Uhr,
an offiziellen Feiertagen und am 1. Sonntag im Monat geschlossen
Parkplätze vorhanden

MV Agusta, 125 ccm, Baujahr 1949.

In 4 Ausstellungsräumen, auf 250 qm, wurden in 12jähriger Sammlertätigkeit 80 Motorräder und 70 Motoren zusammengetragen. Darunter befinden sich viele Raritäten und berühmte Rennmaschinen. Motorräder aus 6 Jahrzehnten geben sich hier ein Stelldichein und produzieren sich den Besuchern.
Unter ihnen befinden sich Namen bekannter Marken wie: Adler, Wanderer, Norton, BMW, DKW, Douglas, Harley-Davidson, Victoria, AJS und Indian.
Eine Vergasersammlung, Zylinderköpfe, Getriebe, Kurbelwellen mit Pleuel und ein Zweizylinder-Honda-Schnittmotor vertiefen den Einblick in die Technik.
Grammophone, alte amerikanische Gewehre, eine Burgunder Uhr mit Spindelgang und eine ehrwürdige Wiener Drehorgel sind einen Seitenblick wert.
Zu einer Pause laden Restaurants in der Nähe ein.
Gossau liegt etwa 10 km westlich von St. Gallen.

Musée de l'Automobile Château de Grandson

CH-1422 Grandson
Telefon: 024/242926

Öffnungszeiten:
1. März – 31. Okt. tägl. 9.00–18.00 Uhr,
1. Nov. – 28. Febr. sonntags 9.00–18.00 Uhr,
Gruppenbesuche ab 15 Personen nach Vereinbarung auch in den Wintermonaten wochentags.

Parkplätze vor dem Eingang

Am Neuenburger See (Lac de Neuchâtel) ist in der größten Wehrburg der Schweiz, dem Schloß Grandson, ein Automuseum untergebracht. Mit 22 Fahrzeugen gehört es nicht zu den großen, ist jedoch weltweit bekannt. Hier steht Greta Garbos Rolls Royce von 1927 und der erste Rennwagen Formel 2 von Jo Siffert.

Großes Augenmerk wird auf Kleinwagen – mit 1- oder 2-Zylinder-Motor – von 1898 bis 1914 gelegt: De Dion-Bouton 1897; Benz Victoria 1899; Prunel-Sport von 1900; Turicum 1909; Renault-Sport 1907; Cameron 1904; Dumont 1901; De Riancey 1898/99; Rochet-Paris 1898.

Rennwagen der 50er und 60er Jahre bilden dazu einen moderneren, interessanten Kontrast. Auch bieten gelegentliche Spezialausstellungen sehenswerte Objekte aus Privatbesitz.

Eine Besichtigung des Schlosses ist zu empfehlen: Historische Räume, ein Museum der Schlacht bei Grandson, Dioramen dieses Kampfes mit 3000 Figuren und ein Heimatmuseum vermitteln die Geschichte Grandsons.

Prunel-Sport, Baujahr 1900.

Jeden letzten Sonntag der Monate März bis Oktober findet im Schloßhof ein großer Handwerker-Markt statt.

Für das leibliche Wohl sorgen Restaurants.

Grandson liegt 4 km nördlich von Yverdon, westlich des Neuenburger Sees.

Verkehrshaus der Schweiz

Lidostraße 5
CH-6006 Luzern
Telefon: 041/314444

Öffnungszeiten:
1. März – 30. Nov. täglich 9.00–18.00 Uhr,
1. Dez. – 28. Febr., Montag bis Samstag 10.00–16.00 Uhr,
Sonntag 10.00–17.00 Uhr
Genügend Parkplätze vorhanden

Pic-Pic, Baujahr 1919.

Am Ufer des Vierwaldstätter Sees, umgeben von Bergen, wurde 1959 dieses Museum eröffnet. Schon 10 Jahre später mußte es vergrößert werden und 1972, 1974 und 1979 wurde nochmals erweitert.

Wie schon der Name aussagt, befaßt sich dieses Museum ausschließlich mit dem Verkehrswesen. In 14 Gebäuden, auf einem Areal von 40000 qm, davon 17000 qm mit Sammlungen und Exponanten belegt, ist es wohl das größte seiner Art in Europa.

In der Halle »Straßenverkehr« sind 25–30 Fahrzeuge untergebracht, darunter überwiegend Automobile schweizerischer Herkunft. Pic-Pic – wegen seiner Qualität und Zuverlässigkeit als »schweizerischer Rolls Royce« bezeichnet –; Berna Typ »Ideal« von 1902; Ajax von 1908; Tribelhorn, ein elektrisches Batterie-Dreirad von 1919; Fischer von 1913 und Dufaux Rennwagen mit Kettenantrieb und Holzrädern von 1905 vermitteln einen Eindruck von der Vielfalt der ehemaligen eidgenössischen Autoproduktion.

Mit Fahrzeugen amerikanischer, deutscher, englischer und französischer Herkunft wird das Gesamtbild abgerundet.

Besondere Abteilungen sind für Schienenverkehr, Luft- und Raumfahrt, Postdienste, Fernmeldewesen, Schifffahrt und Tourismus eingerichtet und gebühren der Beachtung.

Zu einer Pause zwischendurch lädt eine Gaststätte ein, und in den Sommermonaten erholt man sich in einem Gartenrestaurant. Beide sind dem Museum angeschlossen.

Oldtimermuseum Rheinfelden

CH-Rheinfelden
Telefon: 061/875292

Öffnungszeiten:
Mittwoch 14.00–17.00 Uhr,
Samstag, Sonntag 10.00–17.00 Uhr und nach Vereinbarung

Genügend Parkplätze vorhanden

In dem ehemaligen Feudalhotel »De Salines« hat sich dieses Museum niedergelassen. Der Westflügel mit ca. 800 qm beherbergt zur Zeit 50 Automobile und 50 Motorräder und ist somit das größte Oldtimermuseum der Schweiz.

Exklusive und seltene Fahrzeuge wie Alfa Romeo 8C 2300 (Kompressor) Cabriolet Castagna 1933; Alvis Spezial Coupé Graber 1954; Armstrong-Siddeley Hurricane 1951; Austro-Daimler ADM 3 von 1926; Cadillac V6 Landaulet 1930; Delahaye 135 GFA Sportcabriolet Chapron 1950; Lancia Flaminia Coupé Zagato 1966; Minerva 8-Zylinder 1932, Packard 8-Zylinder 1937, Rolls Royce 1934; Tatra 10 von 1928 und noch etliche mehr bewahren in den Hallen ihr Fluidum der Besonderheit.

Rennwagen aus drei Jahrzehnten, nämlich Alta GP; Cisitalia; Cooper JAP 1100; Cooper-Maserati V12, F 1; Lotus F 3; March (mit Ford 3-Liter-V6-Motor); Maserati F 1; Osca 1100;

Porsche 908/2 und Stanguellini F Junior vertreten die sportliche Note.

Mit einigen Flugmotoren, als da sind: Hispano-Suiza V12 mit Aufladung (ca. 700 PS), Rolls Royce Merlin V12 mit Doppelgebläse bis 2500 PS und Salmson 9-Zylinder-Sternmotor gewinnt diese Sammlung an Grandiosität.

Restaurants befinden sich in der Nähe.

Rheinfelden liegt an der Autobahn Basel-Zürich. In Rheinfelden den Schildern »Kurzentrum« folgen. Anfahrt durch den Parkplatz des Kurzentrums.

Historicum Sargans

Historicum
der Familie Hartmann
Zürcherstraße
CH-7320 Sargans
Telefon: 085/21442

Öffnungszeiten:
Montag bis Samstag 13.30–17.00 Uhr,
Sonntag nach Vereinbarung
Parkplätze vorhanden

Alfa-Romeo, 2300 GT, 6 Zyl., 1934.

Diese Oldtimer-Ausstellung öffnete am 1. Mai 1976 ihre Tore. In einer 260 qm großen Halle wird die technische Entwicklung vom Holzrad bis zum Automobil dem Besucher nahegebracht.
35 Autos aus fünf Jahrzehnten stehen hier, darunter Bentley 3L von 1924, Essex Super-Six 1928, Vale Spezial 1932, Tatra 57 von 1933, Horch V8 von 1933, Alfa Romeo 1934, BMW 315 von 1934, Bugatti 49 von 1935, Austin Nippy 1935, BMW 328 von 1938, Ford Taunus mit Holzkohlevergaser 1950 und Jaguar XK 120 von 1952. Es ist vorgesehen, der Sammlung noch weitere Oldtimer zuzuführen.
Holzfahrräder und Motorräder, ferner eine Sammlung von Scheinwerfern, Hupen, Rädern, Kühlern, Zündmagneten, Lichtmaschinen, Vergasern, Holzvergasern und weitere Fahrzeugaggregaten tragen zur Komplettierung dieser Ausstellung bei.
Das Historicum ist für Besucher, die der Autotechnik aufgeschlossen gegenüberstehen, ein idealer Studiumsplatz.
Für Stärkung und Erfrischung sorgen Restaurants in unmittelbarer Nähe.
Man findet das Historicum: Autobahn Zürich-Chur, Abfahrt Sargans Richtung Dorf. Nach Überqueren der Brücke links ab, Esso-Tankstelle Hartmann.

Zweirad-Museum Wolfhausen

Edy Bühler-Keiser
CH-8888 Wolfhausen ZH
Telefon: 055/49525

Öffnungszeiten:
nach Vereinbarung, montags geschlossen
Parkplätze vorhanden

Hier handelt es sich um ein räumlich kleines, aber besonderes Museum. Mit 40 Fahrrädern ab 1821 besitzt es doch einen Schatz, den kaum eine andere Sammlung aufzuweisen hat. Sie zeigt auch den Werdegang des Zweirads in Gestalt von 20 Motorrädern. Schwalbe von 1901, Motosacoche von 1906 und 1933, Condor 1-Zylinder von 1908 und eine weitere Condor von 1928, NSU 1-Zylinder von 1908, Cockerell von 1917, Forster 1-Zylinder von 1924, Zehnder von 1927, Norton »International« 600 ccm mit Königswelle von 1934, Anzani Schrittmacher von 1916 und einige mehr vollenden die Entwicklung vom Laufrad zum Motorrad.

Ein angeschlossenes Gasthaus bietet Entspannung und Möglichkeit zur Diskussion.

Wolfhausen liegt südöstlich von Zürich an der Hauptstraße Zürich-Rapperswil.

Technisches Museum Tatra

Tatra n.p.
CS-74221 Kopřivnice
Kreis Nový Jičin
Telefon: 40732

Öffnungszeiten:
werktags 8.00–16.00 Uhr
Freier Samstag, Sonn- und Feiertag 8.00–16.00 Uhr,
Juni und August täglich 8.00–16.00 Uhr
1. Dez. – 30. März geschlossen

Bereits 1945 baute man die ehemalige Schustala-Villa (Gründer der Nesselsdorfer Werke) zu einem Museum um. Dieses hatte jedoch einen mehr heimatkundlichen Charakter. Neben Keramikgegenständen waren nur wenige Fahrzeuge zu besichtigen. Das Interesse der Bevölkerung war schon am Eröffnungstag, am 24. August 1947, so groß, daß man mit einer Vergrößerung rechnen mußte. Erst in den 60er Jahren entschloß sich die Betriebsleitung zum Bau eines Ausstellungspavillons (1200 qm), der nach einer Erweiterung heute eine Gesamtfläche von ca. 2000 qm hat. Mit über 60 Fahrzeugen der Nesselsdorfer- und Tatra-Produktion, deren Besonderheiten der luftgekühlte Heckmotor und der Rohrrahmen sind, ist es das zweitgrößte Werksmuseum Europas.

Der »Präsident« von 1897 und der 1. Lastwagen von 1898 – beide mit Benz-Motor – wurden nach Originalplänen nachgebaut und vervollständigen diese Sammlung wesentlich.

In zwei Etagen präsentieren sich Personenwagen aller Klassen, Sport- und Rennwagen, Nutzfahrzeuge jeder Art und Geländewagen: Ein Querschnitt von 1897 bis zu dem modernen Repräsentationswagen 613.

Das kleinste Nutzfahrzeug, ein Dreirad-Einzylinder (528 ccm) von 1929, findet selbstverständlich auch Platz, dagegen lassen sich die Schwertransporter mit 100 to Tragkraft, 20 Getriebestufen und mit einem luftge-

kühlten 12-Zylinder-17,7-Liter-Motor nur außerhalb des Museums bestaunen.
Oft werden Werbefilme, die häufig einen amüsanten Ablauf haben, im angeschlossenen Kino vorgeführt.

Vitrinen mit Trophäen einstiger Rennerfolge schmücken die Sport-Abteilung.
Kopřivnice liegt in Mähren, südlich von Ostrava (Mährisch-Ostrau), nahe der Europastraße 7.

Škoda-Museum

Škoda n.p.
tr. Rudé armády 210
CS-29310 Mladá Boleslav
Tel. 2808

Öffnungszeiten:
Mittwoch bis Freitag 14.00–17.00 Uhr,
Gruppen: Di.–Fr. 8.00–10.00 Uhr

Škoda Formel II-Wagen.

Mladá Boleslav, eine Provinzstadt im Nordosten Böhmens, wurde durch den Verdienst zweier Automobilpioniere weit über seine Grenzen bekannt. Laurin und Klement, zwei geniale Handwerker, konnten bereits 1898 ihr erstes Motorrad mit einem Einzylindermotor und einer Leistung von 1,5 PS präsentieren. Die Betätigung des Motors erfolgte mittels Hebeln auf dem Lenker, und seine elektromagnetische Zündung gehört zu den Raritäten frühen Fahrzeugbaus.
Sieben Jahre später entstand das erste Automobil, die Voiturette Laurin & Klement Typ A. Ein Zweizylinder-Frontmotor mit einem Hubraum von 1 l gab 7 PS ab. Dieses Fahrzeug besaß richtungsweisende Merkmale für die nachfolgenden Konstruktionen.
Seit 1923 führt das Werk den Namen Škoda. Seine Fahrzeuge sind heute einer breiten Bevölkerungsschicht wegen ihrer Preisgünstigkeit, aber auch wegen ihrer Erfolge bei Rallyes bekannt.
Das Museum zeigt mit seinen gut restaurierten Veteranen das vielseitige Engagement des Unternehmens. Zugleich vergegenwärtigen moderne Fahrzeuge – besonders die ausgestellten Sport- und Rennwagen – ein im Westen wenig bekanntes Bild der Škoda-Produktion.
Mladá Boleslav liegt ca. 80 km nordöstlich von Prag.

Technisches National-Museum

Kostelni 42
CS-17078 Prag 7
Telefon: 76134, 77607, 77631

Öffnungszeiten:
täglich 9.00–17.00 Uhr
Montag geschlossen
Parkplätze genügend vorhanden

Als 1908 das Technische Museum errichtet wurde, befaßte es sich hauptsächlich mit Naturwissenschaft und Mechanik. Aus vielen Sammlungen des Landes wurde Material zusammengetragen, und die erste Ausstellung konnte 1909 im Schwarzenberger Areal der königlichen Burg veröffentlicht werden. Schon 1918 waren die Säle mit Exponaten überfüllt, aber erst 1938 begann man mit dem Bau eines neuen, modernen Museums, welches 1941 fertiggestellt war und eine Fläche von 15000 qm besaß. Eine besondere Halle (2000 qm) für das Verkehrswesen wurde 1949 eingerichtet. In 3 Etagen beherbergt sie einen umfangreichen Fahrzeugpark, bei Lokomotiven, Flugzeugen angefangen zu Automobilen und Motorrädern.
In der Kraftwagen-Abteilung stehen 42 Autos, darunter ein Benz Viktoria von 1893, mit dem Baron Liebieg die erste Langstreckenfahrt mit einem Automobil von Reichenberg nach Reims absolvierte. Der Nesselsdorfer-(Tatra)-Rennwagen von 1899 wurde damals ebenso von Baron Liebieg gesteuert und erreichte eine Geschwindigkeit von über 100 km/h. Auch Laurin & Klement von 1906, der Großvater der heutigen Škoda-Automobile, sowie Darracq von 1902, Renault von 1907, Praga von 1910, Panhard-Levassor von 1909 und Bugatti Typ 13 von 1912 vermitteln dem Be-

Linke Seite: Benz Victoria, 1893

Laurin & Klement, Bauj. 1906.

sucher einen Einblick in die Anfänge der Automobilgeschichte.
Besonderes Interesse gebührt einem Mercedes-Benz Rennwagen aus dem Jahre 1938.
Eine Abteilung von 50 Motorrädern mit beispielsweise Hildebrand & Wolfmüller, Laurin & Klement, Slavia, Jawa, Walter und dem berühmten Motordreirad von De Dion-Bouton, um nur wenige zu nennen, findet sicher das Wohlwollen bei den Motorrad-Interessierten.
Lokomotiven, 15 Flugzeuge und Helikopter, dazu Modelle von Flugzeugen und aus der Raketentechnik, sowie eine Reihe von Schiffsmodellen und viele Fakten, die dem Verkehrswesen angehören, können hier besichtigt und studiert werden.

Auto-Sammlung »Gut Hand«

Hander Weg 71 (Ecke Karl-Friedr.-Str.)
5100 Aachen-Richterich
Telefon: 0241/14237

Öffnungszeiten:
Samstag und nach tel. Vereinbarung
Parkplätze vorhanden

Die Auto-Sammlung »Gut Hand« vereinigt die Kollektionen eines Freundeskreises und ist seit 1968 dem interessierten Besucher zugänglich. Auf einem ca. 1000 qm großen Areal, in den Stallungen und Scheunen eines 350 Jahre alten historischen Gutes, finden 65 deutsche Fahrzeuge ihr Domizil. Die Skala der ausgestellten Veteranen umfaßt hauptsächlich Gebrauchsfahrzeuge der 30er und Kleinwagen der 50er Jahre. Der Anblick etlicher Vorkriegs-Motorräder lassen auch das Herz des Zweirad-Freundes höher schlagen.

Aber auch ältere Fahrzeuge wie Adler Favorit vom Jahre 1929, BMW Dixi Ihle von 1929, Ford A 1929 und Ford T 1922 und ein Mathis 1919 gehören beispielsweise dieser Sammlung an.

Dazu findet man echte Gegensätze, die vom Kleinschnittger mit 250 ccm bis zur Horch Pullman-Limousine (8 Zylinder mit 5 Liter Hubraum) oder vom Ford A 2-Sitzer bis zum Fiat Ardita 7-Sitzer reichen. Eine Opel-Feuerwehr und LKW-Fahrgestelle beschließen diesen Reigen. Insgesamt handelt es sich um eine gut sortierte Sammlung, wobei auf BMW-Fahrzeuge besonderes Augenmerk gelegt wurde.

Durch Austausch einzelner Objekte wird die Sammlung von Zeit zu Zeit verändert, so daß sich dem Interessenten auch bei mehrmaligen Besuchen ein neues Bild bietet. Dekorativ angebrachte Autoteile und -Zubehör lassen des öfteren den Blick abschweifen und geben der Sammlung die richtige Atmosphäre.

Die Auto-Sammlung »Gut-Hand« steht jedem ernsthaft interessierten Besucher offen.

Richterich liegt im Norden von Aachen und ist über die BAB-Hollandlinie zu erreichen, letzte Ausfahrt vor der Landesgrenze.

Sammlung der Scuderia Isar e.V.

8311 Adlkofen/Ndb.
Telefon: 08707/464

Öffnungszeiten:
April – Oktober Samstag 13.00–17.00 Uhr,
Sonntag 10.00–18.00 Uhr,
Nov. – März nach tel. Vereinbarung
Parkplätze genügend vorhanden

Austin-Healey 3000 von 1964.

In Niederbayern, nur 9 km von Landshut entfernt, hat sich dieses Museum etabliert. Sein Augenmerk liegt besonders auf ausländischen Supersportwagen sowie auf den Marken DKW und Glas. Aber auch Spezialfahrzeuge sind der Sammlung eigen.
10 Rennmaschinen geben der Motorradabteilung, die mit 50 Motorrädern aufwartet, die sportliche Note.
Viele Fotos und Farbdrucke mit Rennmotiven des Malers Walter Gotschke vermitteln eine lebendige Atmosphäre.
Kleinteile, die im oder am Auto wichtig sind, aber auch komplette Motoren und gar eine Bibliothek mit Auto-Literatur lassen die Sammlung für jeden Besucher informationsreich werden.
Untergebracht ist das Museum in einem rustikalen Flach-Neubau. Es beherbergte bei der Eröffnung 1980 neben den Zweirädern genau 36 Autos. Etliche Neuanschaffungen zwingen jedoch schon zwei Jahre später zur Planung eines Erweiterungsbaus.
Urige Gasthäuser in unmittelbarer Nähe laden zur Vesper ein.
Von Landshut kommend, Richtung Schönbrunn/Kasernen – Frontenhausen, liegt das Museum gut sichtbar links an der Durchgangsstraße.

Automobil-Museum Asendorf

2811 Asendorf
Telefon: 0421/423484, 442829

Öffnungszeiten:
Mai – Oktober Samstag, Sonntag und Feiertage 10.00–18.00 Uhr
Parkplätze vorhanden

Die in einem ehemaligen Bauernhof untergebrachten Automobile waren bis 1978 der Bestand eines Automuseums in Bremen. 40 Fahrzeuge der Vor- und Nachkriegszeit sowie einige Feuerwehren und Motorräder haben seit Pfingsten 1980 hier Asyl gefunden und mit vielen Requisiten und Zubehör rund um das Auto wurde eine Erinnungsstätte an »Damals« geschaffen. Eine Sammlung von Modell-Autos und altem Automobil-Spielzeug ist für Freunde dieses Hobbys eine willkommene Abwechslung.

Die gelegentlich stattfindenden Oldtimertreffen mit Teilemarkt erfreuen sich großer Beliebtheit und sind für den Suchenden eine rechte Fundgrube.

Ein weiterer Anziehungspunkt für

Eisenbahn-Freunde bildet das Eisenbahn-Museum in Bruchhausen-Vilsen. Von hier besteht eine direkte Verbindung nach Asendorf, und an allen Wochenenden und Feiertagen wird diese Strecke mit historischen Dampflokomotiven befahren.

Asendorf liegt zwischen Bremen und Nienburg und ist über die B6 zu erreichen.

M.A.N.-Werkmuseum

Maschinenfabrik Augsburg-Nürnberg AG
Heinrich-von-Buz-Straße 28
Postfach 100080
8900 Augsburg 1
Telefon 0821/3221

Öffnungszeiten:
täglich zu den Bürozeiten, 8.00–16.00 Uhr

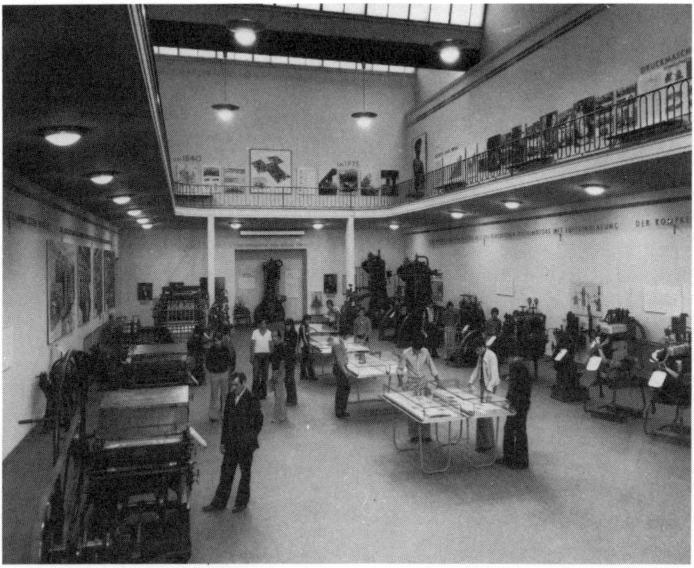

Erst nach den Zerstörungen durch den 2. Weltkrieg und nach erfolgtem Wiederaufbau konnten die Pläne von 1937 verwirklicht werden, ein Museum zu errichten, das von den Leistungen dieses Unternehmens zeugt. 1953 wurde dieses Museum eingeweiht. Darin ist die Entwicklung des Augsburger Werkes unter technischen, wirtschaftlichen und sozialpolitischen Gesichtspunkten dargestellt. Das Museum ist in einer freundlichen Halle mit Galerie untergebracht.

Historische und moderne Motoren wie auch Maschinenteile sind im Erdgeschoß aufgereiht, während in drei Vitrinen Aussagen zur Geschichte des Unternehmens und – hier von besonderem Interesse – über Rudolf Diesel in Form von Dokumenten gemacht werden. Auf der Galerie findet man weitere Dokumentationen, Statistiken und Illustrationen zu dem Werk.

Nachdem 1892 Diesel für seinen Motor Patentschutz beantragt hatte, erklärte sich die Maschinenfabrik Augsburg zum Bau eines Versuchsmotors bereit. So wurde der Weg gebahnt für einen wohl mühseligen, aber beispiellosen Siegeszug dieser wirtschaftlichen Wärmekraftmaschine. Dieselmotoren haben beim Lastkraftwagen seit 1923 und beim Personenwagen seit 1936 Einzug gefunden.

Auto- und Motorrad-Museum

Weserstraße 142
4970 Bad Oeynhausen
Telefon: 05731/9960

Öffnungszeiten:
März – Oktober täglich 10.00–18.00 Uhr,
Nov. und Februar täglich 13.00–17.00 Uhr,
Dez.–Jan. und montags geschlossen,
Oster- und Pfingstmontag geöffnet

Parkplätze, auch für Omnibusse, sind vorhanden

Wer sich in der Nähe von Bad Oeynhausen aufhält, sollte mindestens einen Tag für den Besuch des Auto- und Motorrad-Museums reservieren.
In einer ehemaligen Maschinenfabrik ist seit 1973 das Museum untergebracht. Im Laufe der Jahre mußte es ständig vergrößert werden, so daß die Ausstellungsfläche mittlerweile 4500 qm beträgt. Neben 150 Autos, 200 Motorrädern, 25 Fahrrädern, 7 Landfahrzeugen und 5 Schienenfahrzeugen beherbergt das Museum noch 25 Motoren und 60 Automobil- und Motorrad-Aggregate.
Die Vielzahl der Exponate lassen ein fast lückenloses Aneinanderreihen der Jahre zu, beginnend mit dem Schöche Dampfwagen 1887 über Benz Comfortable 1897, Columbia mit Elektro-Antrieb 1904, Audi Typ E 1912, Brennabor von 1926, Talbot Rennwagen 1939, Veritas Comet 1948, Chevrolet Corvette 1953, Cooper Formel III von 1960, BMW Formel II von 1968 und Porsche 917 von 1971, um nur wenige zu nennen.
Das gleiche gilt für die Motorräder,

Adler Typ K, Baujahr 1912.

die gar zahlenmäßig noch überwiegen. In der Zweirad-Abteilung sind absolute Raritäten zu entdecken.
Das Auto- und Motorrad-Museum ist das größe und reichhaltigste seiner Art in Deutschland. Nur selten werden Fahrzeuge ausgetauscht, so daß mehrmalige Besuche das Wissen um einzelne Fahrzeuge vertiefen helfen.
Bad Oeynhausen liegt in einer Mulde zwischen Wiehen- und Wesergebirge und ist über die BAB Köln-Hannover-Berlin zu erreichen. Das Museum befindet sich am östlichen Stadtrand nahe der Autobahn-Abfahrt.

Automuseum Bad Rothenfelde

Parkstraße 79
4502 Bad Rothenfelde
Telefon: 05424/1659

Öffnungszeiten:
täglich ab 10.00 Uhr
Parkplätze, auch für Omnibusse, vorhanden

Adler Favorit des Jahres 1929.

Einen kleinen Querschnitt durch die Automobil-Geschichte birgt ein Fachwerkbau aus dem Jahre 1750 in Ortsmitte. In einem 500 qm großen Raum finden 43 Autos seit 1975 Platz. Dem Betrachter präsentieren sich aus den 60er Jahren unter anderem ein Glas Automobil 1300 GT und ein NSU-Wankel-Spider, das erste Serien-Auto mit Kreiskolbenmotor. Von 1958 ist der Zündapp-Janus mit Einzylinder-Motor, der vier Personen auf kuriose Weise Platz bietet: Fahrer und Beifahrer sitzen in Fahrtrichtung und die hinteren Passagiere entgegengesetzt.
Ein Polymobil von 1904 ist wohl das älteste Fahrzeug dieser Sammlung. Die Polyphon-Musikwerke AG in Sachsen erhielten 1904 von Oldsmobile die Lizenz zum Bau des Fahrzeugs. Der BMW 507 und ein Mercedes-Benz 190 SL geben dem Besucher einen Einblick in eine fortgeschrittene Ära.
Aufgelockert wird dieses Automuseum durch alte Bauerngeräte, Kameras und ca. 30 Schreibmaschinen.
Ein Hotel-Restaurant in unmittelbarer Nähe bewirtet Sie gerne während einer Ruhepause.
Bad Rothenfelde liegt auf halbem Wege zwischen Bielefeld und Osnabrück.

Deutsches Vergaser Museum

Heidestraße 52
1000 Berlin 21
Telefon: 030/39094

Öffnungszeiten:
Nach Vereinbarung, während der Geschäftszeit 8.00–16.00 Uhr

Bürstenvergaser von Siegfried Marcus, 1882.

Spritzdüsenvergaser von Wilhelm Maybach, 1893.

Der Aufschwung des Ottomotors wäre ohne eine stete Verbesserung des Vergasers nicht möglich gewesen. Dieses für den Motor lebenswichtige Teil wurde im Laufe der Zeit immer weiter verfeinert und den Anforderungen entsprechend komplizierter. Es begann mit Dochten und mit rotierenden Bürsten in mit Benzin gefüllten Behältern wie auch mit Oberflächenvergasern, etwa von Otto & Langen und von Benz um 1885/86. Zur Grundlage moderner Vergasertechnik wurde schließlich der von Maybach im Jahr 1892 entworfene Spritzdüsenvergaser.

Neben diesen Anfängen zeigen 300 Ausstellungsstücke die vielfältigen Systeme solcher Namen wie Carter, Cudell, Graetzin, Holley, Lyma, Meco, Pallas, Vinci und Wolff, aber auch die eigenen Fertigungstechniken des Hauses Pierburg, die in den Solex-, Zenith- und Stromberg-Vergasern praktiziert werden. Selbstverständlich findet man auch den Schieber-Gleichdruckvergaser 1 C und elektronisch geregelte Aggregate als Beispiele der jüngsten Entwicklung. Schnittbilder erläutern dazu ihre Arbeitsweise, was dem Interessierten verhilft, sein Wissen zu vervollkommnen.

Das Vergaser-Museum ist ein typisches Industrie-Museum und nach Vereinbarung jedermann zugänglich.

Es liegt im Nordwesten der Stadt und ist mit der S-Bahn (Lehrter Bahnhof) zu erreichen.

Museum für Verkehr und Technik

Trebbiner Straße 9
1000 Berlin 61
Telefon 030/2623055

Öffnungszeiten:
Dienstag bis Sonntag 10.00–17.00 Uhr,
Mittwoch 10.00 bis 19.00 Uhr
Parkplätze vorhanden

Ein allumfassendes Museum für Verkehr und Technik hat am 14. 12. 1981 seine Tore in Berlin geöffnet. Was seit Jahren geplant war, konnte nun verwirklicht werden. Mit der Poddig-Sammlung, die 1979 erworben wurde, ist die bestehende Fahrzeug-Abteilung des Museums durch 120 Autos und Motorräder bereichert worden. Diese Wagen stehen in Berlin 51 (Reinickendorf), Kopenhagener Straße 35-75.

40 ursprünglich vorhandene Fahrzeuge liefern bereits einen beachtlichen Beitrag zur Demonstration des Automobilbaus. Dazu gehören z. B.: Adler von 1936, BMW aus den 30er und 50er Jahren, Buchet von 1911, Citroen von 1923 und 1928, Clement von 1899, De Dion-Bouton von 1899, DKW von 1939, EMW von 1952, Ford von 1930, Goliath Dreirad von 1931, Hanomag Kraftdroschke von 1925, mehrere Horch aus den 30er Jahren, Leon Bollée von 1896, Maybach von 1936, Opel Kapitän 1952 und Tornax von 1935. Das älteste existierende Personenauto der Welt, der 1883 gebaute Der Dion-Bouton Dampfwagen, gelangte Ende 1981 in den Besitz des Museums.

Einige Motorräder, der bekannte

Elektrowagen der Firma Slaby-Behringer aus den 20er Jahren und ein von Daimler-Benz gestifteter Nachbau des Daimler Stahlrad-Wagens von 1889 bereichern diese Sammlung. 46 Eisen- und Straßenbahnen (von 1865 bis 1956) der Berliner Verkehrs-Betriebe bilden die Abteilung Schienenfahrzeuge, ebenfalls eine interessante Informationsschau.
Die Museumskneipe sorgt für die nötige Stärkung zwischendurch.

Automuseum Störy
1. Kleinwagenmuseum

3205 Bockenem 12/OT. Störy
Telefon: 05067/759

Öffnungszeiten:
1. April – 30. Oktober
Samstag, Sonn- und Feiertag:
10.00–12.00 Uhr und 13.00–18.00 Uhr
Parkplätze vorhanden

Ein ehemaliges landwirtschaftliches Gebäude bekam 1974 einen neuen Nutzungszweck. Das erste Kleinwagenmuseum Deutschlands mit 60 Kleinmobilen, 40 Motorrädern und Rollern fand hier eine Bleibe. Auf 600 qm stehen in dieser Sammlung Autowinzlinge zum Schmunzeln, aber auch zum Nachdenken zur Verfügung. 1982 ist eine geplante Erweiterung um 250 qm verwirklicht worden.
Nicht nur deutsche Kleinstwagen wie der Messerschmitt Kabinenroller und der FMR-»Tiger«, sowie beider Vorfahren, der Fend-Flitzer, daneben noch Spatz, Kroboth und Kleinschnittger, sondern auch der Saporoshez 3A3 aus der UdSSR, der italienische Willam mit 125 ccm-Motor, einige englische Fahrzeuge und andere skurrile Kleinmobile verhelfen der Sammlung zur Komplettierung.
Beim Anblick mancher Autos werden Erinnerungen wachgerufen, die dem Betrachter mehr vermitteln als das bloße Wissen um die Automobilisierung.
Das Museum liegt am Ortsrand von Störy, einen Kilometer von der Bundesstraße Seesen-Hildesheim entfernt. Autobahn Kassel-Berlin, Abfahrt Bockenem. Gut beschildert.

Auto- und Motorrad-Museum Burgau

Bleichstraße 18
8872 Burgau
Telefon 08222/1333

Öffnungszeiten:
täglich 10.00–17.00 Uhr,
auch an Sonn- und Feiertagen
Parkplätze vorhanden

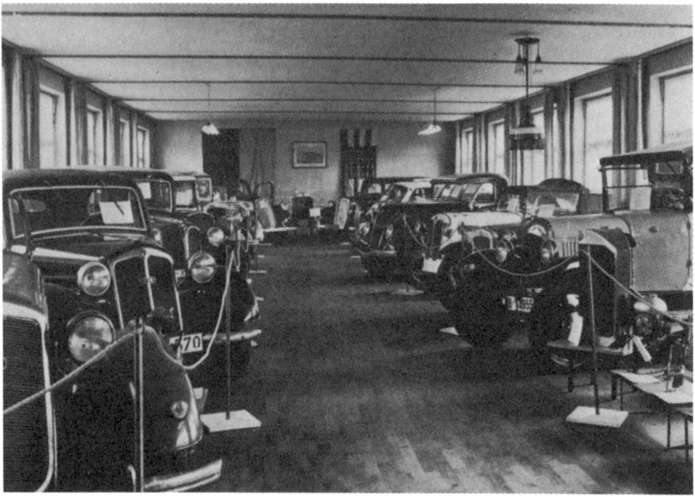

50 Automobile geben sich seit 1974 in einem zweistöckigen Massivbau ein Stelldichein und präsentieren sich dem Besucher. Bei diesen Fahrzeugen handelt es sich überwiegend um Veteranen: Peugeot von 1902, Ford T und Ford A, Plymouth von 1932, einige Daimler-Benz, eine Reihe von BMW-Typen und andere Marken. Aber auch jüngere Modelle aus den 50er und 60er Jahren haben hier einen Ruheplatz gefunden.
25 Motorräder und mehrere Fahrräder, z. T. mit Hilfsmotor, lassen auch den Zweirad-Freund auf seine Kosten kommen.
Einige stationäre Motoren, Kutschen und sogar ein Flugzeug lenken die Aufmerksamkeit des Kenners auf sich und sind willkommene Abwechslungen.
Das Museum ist in einer idyllischen Kleinstadtumgebung versteckt und hat eine Ausstellungsfläche von 600 qm.
Burgau liegt an der BAB Stuttgart-München, Autobahn-Abfahrt Burgau.

Schnauferl-Stall Burghausen

Kapuzinerstraße 237
8263 Burghausen
Telefon: 08677/4523

Öffnungszeiten:
Ostern bis Oktober
Samstag 14.00–17.00 Uhr,
Sonntag 10.00–12.00 und 14.00–17.00 Uhr
Parkplätze vorhanden

Bugatti Typ 37A von 1929.

BMW »Dixi«, gebaut 1929.

An der Salzach, unweit ihrer Mündung in den Inn, liegt Burghausen. Die landschaftliche reizvolle Lage, aber auch der zum Teil erhaltene alte und gut restaurierte Kern dieses Städtchens sind ein beliebtes Ausflugsziel.

Seit 1974 werden in ehemaligen Pferdestallungen einige Automobile überwiegend deutscher Herkunft beherbergt. Ein 3/16 PS Hanomag von 1928, ein BMW Dixi von 1929, ein DKW F1 Monoposto von 1930, ein BMW 319 von 1935 und ein Tempo Boy von 1952 beleben diese einstige Unterkunft für die Nachkommen Rosinantes mit ihren Pferde-Stärken.

Temperamentvoll und vornehm zeigen sich ein Rolls Royce 20/25 und ein Bugatti Typ 37A.

Eine eigene Remise besitzt das BMW-Motorrad R 32 von 1924.

In gemütlichen Restaurants und freundlichen Straßencafés wird gerne für das leibliche Wohl gesorgt.

Burghausen liegt nahe der österreichischen Grenze südöstlich von Altötting.

Veteranen-Fahrzeug-Hof
LKW-Modell-Museum

Gräfenwiese
4503 Dissen a.T.W.
Telefon: 05421/512

Öffnungszeiten:
Dienstag und Donnerstag 15.00–18.30 Uhr,
Sonn- und Feiertage 10.00–16.00 Uhr und nach tel. Vereinbarung.
LKW-Modell-Museum 15. Okt.–15. Apr. sonntags 10.00–12.30 Uhr

Krupp, 4-Zyl.-Ottomotor, 5 t, Baujahr 1928.

Ein Museum ganz spezieller Art ist der Veteranen-Fahrzeug-Hof in Dissen. Auf einer Grundfläche von über 700 qm werden dem Besucher 28 fahrbereite Dampf- und Nutzfahrzeuge vorgeführt. Dampfwalzen, Schlepper, Lastkraftwagen und Zugmaschinen vermitteln dem Betrachter eine Atmosphäre reger Tätigkeit.
Die ständig ausgestellten Fahrzeuge, vornehmlich der Marken Büssing, Citroen, Deutz, Hanomag, Hansa-Lloyd, Krupp und Lanz werden durch Leihgaben ergänzt.
Zahlreiche Fotos und Archivmaterial, sowie originale Firmen- und Typenschilder gehören zum Bestand.
Die Fahrzeuge sind in Scheunen und Remisen eines Fachwerk-Bauernhauses aus dem Jahre 1785, aber auch auf Freiflächen um dieses Anwesen postiert, so daß das Museum einen lebendigen Eindruck hinterläßt.

Den Miniatur-Freunden bietet das Modell-Museum mit über 150 vorbildgetreu nachgebauten deutschen Lastwagen und Omnibussen von 1900 bis 1950 im Maßstab 1:16 eine oft anerkannte Darstellung dieses Genres.
Eine ständige Sonderschau zeigt klassische Veteranen-, Sport- und Tourenwagen berühmter Marken.
Spezielle »Dampftage« finden jeweils am 2. Sonntag im Mai und am letzten Sonntag im August statt.
In geraden Kalenderjahren veranstaltet der Veteranen-Fahrzeug-Hof das »Teutoburger-Steam-Festival« in Bad Rothenfelde: Ein internationales Treffen für Dampf- und Nutzfahrzeuge, Traktoren und Feuerwehren.
Das Museum liegt an der östlichen Peripherie von Dissen. Im Ortsteil Aschen von der B 68 in Richtung Bielefeld rechts abbiegen. Hinweisschilder beachten.

1. Hessische Automobil Museum

Hauptstraße 106
6239 Eppstein/Ts.
Telefon: 06198/8029

Öffnungszeiten:
Montag bis Freitag 8.00–17.00 Uhr,
im Sommerhalbjahr auch Samstag
8.00–12.00 und Sonntag 10.00–16.00 Uhr
Parkplätze, auch für Omnibusse vorhanden

In Eppstein-Vockenhausen, einem Städtchen zwischen Limburg und Wiesbaden, wurde 1979 das 1. Hessische Automobil Museum eröffnet. Auf etwa 400 Quadratmetern bieten 25 Automobile und dazu einige Motorräder die Möglichkeit, sich den Werdegang der Motorisierung zu vergegenwärtigen. Die Sammlung umfaßt neben Ur-Oldtimern wie etwa den Einzylinder-Piccolo von 1906 oder einen Stanley Steamer Jahrgang 1902 hauptsächlich Fahrzeuge der 30er Jahre. Insgesamt handelt es sich um eine ausgewogene Zurschaustellung gekonnt restaurierter Fahrzeuge.

Mancher Besucher wird beim Anblick eines BMW 309 aus dem Jahr 1934 oder eines 1938er Steyr 50 die Gegenwart für einige Minuten zurückdrehen und frühere Erlebnisse aufziehen lassen. Je nach Sympathie kann man einen Rolls-Royce Phantom III oder einen Mercedes-Benz Typ Stuttgart 260 betrachten. Ein Chevrolet Universal oder besonders der 2/10 PS Hanomag war damals für den schmalen Geldbeutel gedacht. Durch den Aero 662 und den Singer Nine wird auch diesem Museum ein sportlicher Akzent gesetzt.

Einige Objekte ersetzt man von Zeit zu Zeit durch andere, und ein zweiter oder dritter Besuch vermittelt dann weiteres Wissen. In dekorativ aufgestellten Glasvitrinen sind Kühlerfiguren, Karbidlampen, Autobrillen, Ballhupen und Sturmhauben untergebracht.

Für eine Atempause und eventuelle Stärkung sorgt eine Cafeteria in der Ausstellungshalle. Auch Gasthöfe und Restaurants befinden sich in der Nähe.

Eppstein-Vockenhausen ist an der B 455 nördlich von Wiesbaden gelegen.

Automobil-Veteranen-Salon

8883 Gundelfingen

Öffnungszeiten:
1. Mai – 30. Okt. täglich 9.00–18.00 Uhr
Ausreichende Parkmöglichkeiten

Ferrari 212 Export, Giha-Alu-Karosserie, 1952.

Delage D8, 1933.

Eine Auslese seltener Automobile ist seit 1972 in einem Neubau auf 500 qm postiert. Der Automobil-Veteranen-Salon macht seinem Namen alle Ehre. Er präsentiert 15 legendäre Autos und 9 Motorräder. Die meisten von ihnen sah man schon früher nur selten auf unseren Straßen.

Bei den Fahrzeugen handelt es sich um solche von 1904 bis 1957, z. B. Hispano-Suiza T 49 von 1927, Delage D 8 von 1933, Talbot M 67 von 1927, George Irat A 4 von 1926 oder Ferrari 212 Export (12 Zylinder) von 1952. Auch ein Laurin-Klement-Motorrad von 1904 und die Riedel Imme R 100 von 1950 gehören hierher.

Zwei Rennwagen, Hispano-Suiza (1908) und Grégoire 132 B von 1919, geben dem Salon eine etwas aufregende Atmosphäre.

Bei einigen der Fahrzeuge handelt es sich um das einzige noch existierende Exemplar, so der Hispano-Suiza von 1908, ein Rolland-Pilain RP5 von 1913, der Grégoire 132 B und ein Unic 8 von 1930.

Gundelfingen liegt an der BAB München-Stuttgart. Autobahn-Abfahrt Günzburg.

Hinweisschilder zeigen in Gundelfingen den Weg.

Gasthof und Hotel in unmittelbarer Nähe.

Auto-Museum Hillers

Kurt-Schumacher-Allee 42
2000 Hamburg 1
Telefon: 040/246577

Öffnungszeiten:
täglich 10.00–18.00 Uhr
Nur bedingt Parkplätze

Nicht nur mit einem Bummel über die Reeperbahn sollte man in Hamburg seinen Aufenthalt beenden, ein Besuch im Auto-Museum steht dem an Abwechslung kaum nach. Mitten in der Stadt, in einem freistehenden Gebäude, sind auf 1000 qm 45 Autos und diverse Motorräder aufgestellt. Neben Sport- und Rennwagen finden auch einige Kleinwagen noch ein Plätzchen.
Dem Besucher zeigen sich in bunter Folge Fahrzeuge wie Adler von 1908, BMW 327, Buick eight (8-Zylinder-Reihenmotor), Grofri von 1925, (ein österreichischer Lizenzbau), mehrere DKW, Horch 8-Zylinder, Mercedes-Benz 300 SL oder Rolls-Royce von 1934 usw.
Mit Autoteilen dekorierte Wände und Vitrinen mit Einzelteilen machen den Gesamteindruck freundlich und informativ.
Alle Automobile und Motorräder sind fahrbereit.
Restaurants in unmittelbarer Nähe.
Das Museum befindet sich in der Nähe des Hauptbahnhofs.

Fahrzeug-Museum »Oldtimer-Gasse«

Fahrzeug-Museum »Oldtimer-Gasse«
im Raffay Automarkt
Hamburger Straße 195
2000 Hamburg 76
Telefon: 040/41151

Öffnungszeiten:
täglich 10.00–18.00 Uhr, außer an gesetzlichen Feiertagen
Parkmöglichkeiten vorhanden

Austro-Daimler AD 617, Sport Tourer.

Mit jährlich wechselnden Ausstellungen, die immer ein Thema oder einen Zeitabschnitt darstellen, ist die Oldtimer-Gasse im Raffay Automarkt wohl die einzige Ausstellung dieser Art. Jeweils 12 bis 20 Fahrzeuge nebst Zubehör lassen den Besucher die Gegenwart vergessen und versetzen ihn in eine vergangene Zeit, z. B. »Die Zwanziger Jahre« oder die Schau »Anno 1904«.

Zu diesem Zweck werden aus der umfangreichen Raffay-Kollektion manch seltene Stücke hervorgeholt, die für echte Atmosphäre sorgen. Viele interessante Automobile, so der Delahaye Prototyp 1896, Bergmann Typ »Orient-Express« 1899, Gobron 40/60 PS (Bootskarosserie von Rothschild) 1912, Duryea 3-Zylinder 1904, Voisin Typ C 14 von 1912, ein Austro-Daimler Rennwagen 1922, ein Porsche 911 S der Rallye London-Sydney oder gar ein White Typ E Dampfwagen 1905 gewährleisten noch viele sehenswerte Ausstellungen.

Nicht nur Automobile aus der jeweiligen Zeit gehören einer Ausstellung an. Da sind Fahr- und Motorräder, Karren und Pferdewagen – alles was Räder besaß, wird in einer zeitgemäßen Umgebung so postiert, daß dem Besucher mit dem Schritt über die Schwelle dieser Gasse die Jahre zurückgedreht erscheinen.

Viele Kleinteile, die zu einem Fahr-

Renault Landaulet, Typ BZ, Baujahr 1910.

zeug gehörten, wie Karbid-Scheinwerfer, Hupen, Heck- und Seitenlaternen, Räder und Reifen, Fahrerkleidung und vieles mehr ergänzen diese Schau und vertiefen die Kenntnis von dem ehemaligen Automobilisten.

Einige Plakate und Anzeigen, sowie Musik- und Gebrauchsgegenstände von damals festigen diesen Eindruck. Das Fahrzeug-Museum »Oldtimer-Gasse« wurde 1973 eröffnet und hat eine Grundfläche von 380 qm.

Historische Fahrzeugsammlung

Sextrostraße 1
3000 Hannover 1
Telefon: 0511/804142 oder 8092850

Öffnungszeiten:
nur nach telefonischer Absprache
Parkmöglichkeiten für 60 Fahrzeuge

Nur wenige deutsche, amerikanische und tschechische Fahrzeuge unterbrechen das französische Fluidum dieses Museums. Automobile der Marken Peugeot und Citroën, in der Überzahl vertreten, aber auch Panhard und Renault stellen mit 19 von 30 Fahrzeugen den Hauptbestandteil dieser Sammlung.
Opel, DKW und Borgward (Deutschland), Packard, Cadillac und Chevrolet (USA) und einige Tatra aus der Tschechoslowakei geben dieser Ausstellung eine willkommene Abwechslung. Die meisten Fahrzeuge befinden sich in einem sehr guten Originalzustand.
Eine Tankstelle von 1930 und eine Modellauto-Sammlung (ca. 4000 Stück) lassen auch einen Laien das Museum zum Erlebnis werden.
Untergebracht ist dies alles seit 1979 in einer ehemaligen 650 qm großen Fabrikhalle.
Mehrere große Restaurants in ca. 1 km Entfernung.

Automuseum Hohenstein

Kreuzbergstraße
7425 Hohenstein 3 OT Ödenwaldstetten
Telefon: 07387/381

Öffnungszeiten:
täglich 10.00–17.30 Uhr
Parkplätze vorhanden

Einen Querschnitt durch den europäischen Automobil- und Motorradbau ab 1898 birgt dieses Museum. Sport-, Renn- und Personenwagen stehen vereint mit einigen Motorrädern in einem Fachwerkbau auf 350 qm Ausstellungsfläche. 50 Fahrzeuge zählt der Bestand, und durch gelegentliches Austauschen einiger Ausstellungsstükke ist für ein abwechslungsreiches Bild gesorgt.
In dem 1974 eröffneten Museum sind überwiegend Oldtimer in fahrbereitem Zustand untergebracht. Bei den Fahrzeugen entdeckt man verschiedene Gegensätze. Der puppige BMW Dixi Sport und der imposante Maybach, der gemächliche Piccolo und der flotte Salmson werden manchen Interessenten zu einem Vergleich mit den heutigen Autos veranlassen.
Für eine Erfrischung sorgen Restaurants in der Nähe.
Hohenstein liegt südöstlich von Reutlingen an der B 312.

Ibbenbürener Motorrad-Museum

Lengericher Straße
4530 Ibbenbüren
Telefon: 05451/6454

Öffnungszeiten:
Samstag 14.30–17.30 Uhr,
Sonntag 10.00–12.00 und 15.00–17.30 Uhr
Genügend Parkplätze vorhanden

In der alten Lehener Schule kann man heute wie damals sein Wissen erweitern. Motorrad-Liebhaber finden hier manch interessante Rarität, deren eingehendes Studium sich lohnt.
55 Zweiräder stehen zur Anschauung bereit und drehen die Zeit um einige Jahre zurück. Nur selten gelingt es einem Museum, die Technik der ausgestellten Fahrzeuge dem interessierten Besucher so zu demonstrieren, wie es bei dieser Sammlung der Fall ist.
Das 225 qm große Museum wurde 1978 eröffnet und hat sich nur auf Motorräder spezialisiert. Ab und zu werden einige von ihnen ausgetauscht und machen einen öfteren Besuch immer wieder eindrucksvoll.
Nach einem Spaziergang von ca. 700 m bietet sich ein Restaurant zur Erholung und Stärkung an.
Ibbenbüren liegt westlich von Osnabrück und hat eigene Autobahn-Abfahrt.

Caravan-Museum

Caravan-Museum
Dethleffs-Wohnwagen
7972 Isny
Telefon: 07562/72-1

Öffnungszeiten:
Nur nach vorheriger Vereinbarung
Parkplätze vorhanden

Die Idee, ein Caravan-Museum zu gründen, wurde – man könnte fast so sagen – aus der Notwendigkeit geboren. Als 1973 ein Dethleffs-Wohnwagen, ein »Tourist« von 1939, zur Generalüberholung ins Werk kam, wurde man bald über einen Tausch »alt gegen neu« einig und der Grundstein für eine Sammlung war gelegt. Bald folgten weitere Wohnanhänger jener Zeit und aus der Idee wurde Wirklichkeit.

In einem Fabrikgebäude mit einer 3000 qm großen Fläche werden 45 Caravans und Zugwagen ausgestellt. Hier sieht man einen Praga Piccolo von 1929 mit einem Dethleffs »Tourist« von 1939, einen BMW 501 von 1958 mit einem »Globetrotter« von 1939, ein Mercedes-Benz Cabriolet von 1952 mit einem »Nomad« von 1955. Aber auch jüngere Modelle gehören zu dieser Sammlung, und der Besucher erhält einen Einblick in die Entwicklung des Caravans.

Umfangsreiches Archivmaterial lassen dieses Museum zu einer echten Informationsstätte werden und wir hoffen, daß es bald einem breiteren Publikum zugänglich wird.

Für das leibliche Wohl sorgen Restaurants in unmittelbarer Nähe.

Isny im Allgäu liegt an der B 12, Autobahn-Abfahrt Kempten.

Verkehrsmuseum Karlsruhe e.V.

Werderstraße 63
7500 Karlsruhe
Telefon: 0721/691571

Öffnungszeiten:
Mittwoch 15.00–20.00 Uhr,
Sonntag 10.00–13.00 Uhr und nach Vereinbarung
Parkplätze: Festplatz (5 Minuten entfernt)

Opel P 4, gebaut 1935–37.

Das Hintergebäude einer ehemaligen Fabrik für Elektro-Geräte beherbergt seit 1969 dieses Museum und es hat den Charakter einer Lehrschau. Auf 900 qm werden dem Besucher ca. 100 Fahrzeuge präsentiert, so daß man sich hier durch intensives Studium ein fundiertes Fachwissen aneignen kann. Mit einem Modell des Benz Patent-Motorwagens von 1885/86 über beispielsweise Benz Comfortable 1898, Bergmann Liliput 1904, Adler Doppelphaeton 1908, Mauser Einspurauto 1920, NAG 10/40 PS von 1921/22, Delage von 1928 und Opel 4/20 PS, Maybach SW 38, Adler Diplomat, Wanderer W 25 K, DKW Reichsklasse – alle aus den 30er Jahren – wird dem Interessenten ein reichhaltiger Lehrplan offeriert.

In der Fahr- und Motorrad-Abteilung werden Zweirad-Freunde manches Erstaunliche entdecken, und auch hier sind viele Möglichkeiten zum Studium gegeben.

Eine reizvolle Sammlung von Eisenbahn-Modellen schließt den Ring der Fahrzeuge zu Lande. Lokomotiven der Badischen Staatsbahnen von 1845 bis 1906 hinterlassen ein eindrucksvolles Bild dieses Verkehrszweiges.

Für das leibliche Wohl sorgt ein Restaurant im gleichen Gebäude.

Mehrere Jahre berieten Landesväter über die Errichtung eines Technischen Museums. Zu Anfang 1980 fiel die Wahl auf Mannheim und es ist vorgesehen, daß ein Großteil des Bestands vom Verkehrsmuseum Karlsruhe nach dort übersiedeln wird.

Klöckner-Humboldt-Deutz Motorenmuseum

Deutz – Mülheimer Straße 111
5000 Köln-Deutz
Telefon: 0221/8221

Öffnungszeiten:
Montag bis Freitag 9.00–16.00 Uhr

Das Verwaltungshochhaus und das sich daran anschließende flache Museumsgebäude mit der Quarzit-Fassade wurden im Oktober 1964 fertiggestellt. Architektonisch ist der Museumsbau insofern bemerkenswert, als sein 900 Quadratmeter umspannender, rechteckiger Innenraum weder durch Mauern unterteilt ist noch die Ausstellungsfläche von Säulen oder Stützen unterbrochen wird. Ungehindert kann das Tageslicht durch die lichtdurchlässige Dachkonstruktion fallen.

Ohne den Verbrennungsmotor hätte unsere Gegenwart einen ganz anderen, fast unvorstellbaren Charakter. Erst dieser Motor machte – in Ergänzung der Dampfmaschine – den Verkehr flexibel, bot aber zunächst als stationäres Aggregat der Industrie die Möglichkeit zu einer vorher ungeahnten Entwicklung. Schon 1860 hatte Lenoir in Paris den ersten wirklich brauchbaren Motor gebaut, der hier ebenso steht wie die Maschinen von Brayton, Bisshop und Gilles. Es sind Vorläufer des von Nicolaus August Otto geschaffenen Viertaktmotors, der nach dem Prinzip der Verdichtung arbeitete und die Gasmotoren einschließlich der atmosphärischen Motoren ablöste.

Dieser bahnbrechende Ottomotor hat seinen Ehrenplatz im Museum, ebenso der erste atmosphärische Motor von Otto und Langen, der auf der Weltausstellung in Paris arbeitete. Beide können dem Besucher im Betrieb vorgeführt werden. Dazu wird

der Werdegang des Dieselmotors gezeigt, der bei Deutz verschiedene Entwicklungsstufen erlebte. Man entdeckt neben diesen Standmotoren einen 9-Zylinder Gnome-Rhône-Flugzeugmotor der 1930 mit Deutz fusionierten Motorenfabrik Oberursel, die älteste Grubenlokomotive von 1896 und fünf Deutz-Traktoren. Zahlreiche Dokumente und Zeichnungen bringen dem Besucher die Arbeit nahe, die von den Schrittmachern im Motorenbau geleistet wurde.

Das Museum liegt rechtsrheinisch und ist für die von auswärts kommenden Besucher am besten ab dem Autobahnkreuz Köln-Ost erreichbar.

Dufaux-Rennwagen, Baujahr 1905 (Verkehrshaus der Schweiz/Luzern)

La Ponette, Baujahr 1912 (Collection du Prof. Jean Tua, Genf/Schweiz).

F. N. Sport 1300, Baujahr 1925 (Automobil-Museum, Houthalen/Belgien).

Blick in das Erste Kleinwagenmuseum, Automuseum Störy, Bockenen (BRD).

Deutsches Automuseum, Langenburg (BRD).

Daimler-Benz-Museum, Stuttgart (BRD).

Lloyd-Roland-Weltrekordwagen, 2 Zyl., Baujahr 1954 (Auto-Museum Hillers, Hamburg/ BRD).

BMW 507 (Automuseum Bad Rothenfelde, BRD).
Jaguar E-Type (Sammlung der Scuderia Isar, Adlkofen, BRD).

BMW Museum »Zeitsignale«, München (BRD).

Lancia-Museum, Turin (Italien).

Nesselsdorf »Präsident«, Baujahr 1898 (Technisches Museum Tatra, Kopřivnice/ CSSR).

Georges Richard, Baujahr 1898 (Museon di Rodo, Uzés/Frankreich).

Vivinus, 1900 (Jysk Automobilmuseum, Gjern/Dänemark).

Opel Darracq, Baujahr 1900 (Automuseum Hillers, Hamburg/BRD).

Fiat 1500, gebaut von 1935 bis 1948 (Centro Storico Fiat, Turin/Italien)

Rolls-Royce Phantom I, Baujahr 1926 (Stratford-Motor-Museum, Stratford-upon-Avon/GB).

1) Daimler 2-Zyl.-LKW-Motor
mit Bosch-Niederspannungs-Zündung von 1898
(Erzeugnissammlung der Robert Bosch GmbH, Stuttgart/BRD).

2) Aero Typ 50 mit Dethleffs-Wohnwagen
(Caravan-Museum, Isny-BRD).

3) Renault Turbinenwagen Etoile Filante
(Musee de l'Automobile Renault, Paris/Frankreich).

Deutsches Automuseum Schloß Langenburg

Schloß Langenburg
7183 Langenburg
Telefon (Schloß): 07905/241

Öffnungszeiten:
Ostern – Mitte Okt. tägl.
8.30–12.00 Uhr und 13.30–18.00 Uhr,
Mitte Okt. – Ostern an Sonn- und Feiertagen 13.30–17.00 Uhr,
ausgenommen 25./26. Dez. und 1. Jan.
Parkplätze auch für Omnibusse vorhanden

In einer reizvollen Umgebung, hoch über Tälern und Wäldern, liegt das Schloß Langenburg. Im einstigen Marstall des Schlosses wurde 1970 dieses Automuseum eröffnet. Nach den Erweiterungen von 1972 und 1978 beträgt die Ausstellungsfläche nunmehr ca. 1.800 qm und ist zum Domizil für 70 bis 80 seltener Fahrzeuge geworden.

Die in drei Abteilungen (Veteranen allgemein, Kleinautos, Luxus-, Sport- und Rennwagen) aufgeteilte Ausstellung gibt eine klare Übersicht der Automobilgeschichte.

Hauptaugenmerk wird auf Sport- und Rennwagen gelegt. Die Ferrari 250 GT 12-Zylinder von 1956, Testa Rossa 2-Liter von 1956 und 375 G.P. 4,5-Liter von 1951, die Maserati A 6 von 1955, CM 1500 (1,5-Liter) von 1936, Tipo 150 S von 1956 und Tipo 54-450 S (8-Zylinder 4,5-Liter), Mercedes-Benz 300 SLR (Super-Leichtbau-Rennsport) und W 25 R Weltrekordwagen von 1935 (10 Meilen mit fliegendem Start 333,884 km/h, 736 PS, 5,6-l-12-Zylindermotor, Spitze 372,1 km/h), Alfa Romeo 33/3 von 1969 (Prototyp-Sportwagen) und 1750 (der »schöne«), Aston Martin »Le Mans« 1,5-Liter von 1930, Talbot 6-Zylinder 4,5-Liter Rennwagen von 1939, Talbot Lago G.P. 4,5-Liter von 1951, Delahaye 135 MS Le Mans von 1937, Lister-Jaguar 3,5-Liter Rennsport von 1956 und Porsche 907 Langheck Rennsport von 1968 sowie Delahaye (12-Zylinder 4,5-Liter) Rennwagen von 1938, den René Dreyfus steuerte und 1946/47 einen Coupé-Aufbau bekam, erwecken bei Motorsportfreunden die größte Anziehungskraft.

Aber auch z. B. Jaguar MK V Cabriolet 1950, Jaguar XK 140 von 1957, Jaguar XK 150 von 1959, Railton 8-Zylinder 4,2-Liter von 1936, Bugatti Typ 57, 3,3-Liter und Typ 38, 2-Liter 8-Zylinder, Talbot SS von 1938 und Stoewer D9 finden begeisterten Anklang. Und die Kleinwagen-Abteilung zeigt weitere seltene und interessante Stücke.

Darüber hinaus bietet eine anschließende Besichtigung des Schlosses mit Gemächern aus dem 17., 18. und 19. Jahrhundert eine willkommene Abwechslung.

Im Schloßcafé »Rosengarten«, mit Blick über das liebliche Jagsttal, läßt es sich gemütlich sein.

Langenburg ist zu erreichen über die Autobahn Heilbronn-Nürnberg, Abfahrt Ilshofen/Wolpertshausen. Gute Beschilderung nach Langenburg.

Fahrzeugmuseum

Albstraße 2
7501 Marxzell
Telefon: 07248/5733

Öffnungszeiten:
April – Sept. werktags 10.00–18.00 Uhr,
Okt. – März werktags 14.00–17.00 Uhr,
Samstag und Sonntag 11.00–17.00 Uhr
Genügend Parkplätze vorhanden

In der Ur-Heimat der Benz-Familie, dem früheren Pfaffenrot, heute Marxzell-Pfaffenrot, wurde 1968 das Fahrzeugmuseum zu Ehren von Carl Benz gegründet. Ursprünglich als Auto- und Fahrzeugmuseum begonnen, hat es sich im Laufe der Zeit zu einer technischen Lehrschau vieler Interessenzweige entwickelt.
In einem ehemaligen Sägewerk werden auf 2000 qm 80 Autos, 200 Motorräder, zahlreiche Fahrräder, Straßenbahnen, Lokomotiven, Kutschen, Dampfwalzen usw. zur Schau gestellt. Telefone, Schreib-, Büro- und Nähmaschinen, Radios, Fotoapparate, Musikinstrumente, Grammophone und Handwerksgeräte, um nur einige der technischen Requisiten zu nennen, füllen die kleineren Stellplätze. Diese vielfältigen Objekte ziehen den Besucher ohne Zweifel in ihren Bann.
Das Museum besitzt ein eigenes Kraftwerk, welches zugleich als Anschauungsobjekt für Schüler und Studenten von besonderer Bedeutung ist.
Die Vorführung historischer Filme mit technischen und teilweise humorvollem Inhalt bieten im Museumskino eine willkommene Unterhaltung für jedermann.
Im gegenüberliegenden Hotel-Restaurant findet man die nach dem Museumsbesuch nötige Ruhe und Stärkung.
Marxzell ist etwa 20 km in südlicher Richtung von Karlsruhe entfernt.

BMW Museum »Zeitsignale«

Bayerische Motoren-Werke AG
Petuelring 130
8000 München 40
Telefon: 089/38 95-1

Öffnungszeiten:
täglich 9.00–17.00 Uhr, auch an Sonn- und Feiertagen
Parkplätze vorhanden

Das 1973 entstandene Museum zeigt sich seit April 1980 in einer völlig neuen und für Museen nicht alltäglichen Konzeption. Der mit modernster Technik und Elektronik ausgestattete Rundbau bietet eine Fülle an Informationen. Historische Filme, deren Geschehnisablauf man durch Kopfhörer akustisch vermittelt bekommt, zeigen eine Rückschau aus knapp sieben Jahrzehnten. »Audiovision in Perfektion, Lebensgefühl der 80er Jahre in der Vorausschau.«
Doch sollte man darüber hinaus den eigentlichen Sinn eines Museumsbesuchs nicht vergessen. Sicher sind es doch die Automobile, die damals und auch heute noch Begeisterung hervorlocken. 50 Jahre Automobilgeschichte spiegelt sich in den Exponaten dieser Sammlung wider, beginnend mit dem 3/15 PS BMW. Dieser Kleinwagen zeichnete sich durch seine Zuverlässigkeit aus und errang viele Erfolge. Die sportliche Note, verbunden mit einer bestechenden Eleganz, war bei den BMW-Fahrzeugen ein Hauptaugenmerk. Bei den Typen 327, 328 und 507 wurden diese Eigenschaften extrem hervorgehoben, und diese Fahrzeuge haben bis heute noch nichts von ihrem Nimbus verloren. Auch der BMW 502 wurde zum beliebten Sammlerobjekt. Sein 8-Zylinder-Leichtmetallmotor in V-Form mit 2580 ccm leistete 100 PS und war der erste in Serie gebaute Motor der Welt dieser Bauart.
Die Beliebtheit der Kleinwagen – BMW Isetta und 700 Sport – zeigte

dem Unternehmen, daß es die richtige Fährte gefunden hatte. Letzterer war bei Fahrern mit sportlichen Ambitionen ein bevorzugtes Wettbewerbsfahrzeug.
Die Sammlung umfaßt Automobile aus den Anfängen der Produktion bis in die jüngste Zeit.
Mit Formel-2-Rennwagen wird die Beteiligung der Marke BMW am internationalen Renngeschehen ebenso demonstriert wie das sportliche Engagement des Hauses durch den seit 1978 gebauten M 1.
Konform mit dem Bau der Automobile lief die Produktion der Motorrä-

der. Auch hier zeigt die Scala ein weit gefächertes Typenprogramm, und die BMW R 100/7, ein Polizeifahrzeug, das Wehrmachtsgespann R 75 und die Weltrekordmaschine von Ernst Henne gehören zu den interessanten Ausstellungsstücken.

Auf dem Sektor des Flugzeugmotorenbaus war BMW wie auch einige andere Automobilhersteller erfolgreich. Die hier ausgestellten Motoren zeigen die Entwicklung auf diesem Gebiet, angefangen mit dem Höhenflugmotor von 1919 über Sternmotor, Doppelsternmotor, Strahlturbine bis zur Gasturbine von 1964.

Die der Zeit entsprechend zugestellten Figuren sind ein originelles Beiwerk.

Deutsches Museum

Isarinsel
8000 München 26
Telefon: 089/21791

Öffnungszeiten:
täglich 9.00–17.00 Uhr,
Faschingsso. u. -di. 9.00–13.00 Uhr,
Buß- und Bettag ab 10.30 Uhr,
Geschlossen: Neujahr, Karfreitag, Ostersonntag, 1. Mai, Pfingstsonntag, Fronleichnam, 17. Juni, 1. Nov., 24., 25. und 31. Dez.
Wenig Parkmöglichkeiten beim Museum

Durch Initiative des königlich-bayerischen Baurats Oskar von Miller wurde das Museum 1903 gegründet. Die Grundsteinlegung erfolgte dann am 13. November 1906 und die Eröffnung des Sammlungsbaus fand am 7. Mai 1925 statt. Nach Erweiterungen durch den Bibliothekbau und den Kongreßbau kam es durch die Kriegsereignisse zu einer 80prozentigen Zerstörung des Museums. 1948 wurde mit dem Wiederaufbau begonnen, und inzwischen ließen die 50000 Ausstellungsstücke sowie die 620000 Bände in der Bibliothek dieses Museum zum größten technischen Museum der Welt werden.

Zunächst hatte für die Automobile nur eine provisorische Halle im Untergeschoß zur Verfügung gestanden. Seit Mai 1972 ist auf der 1200 qm großen neuen Ausstellungsfläche Platz für 50 Kraftfahrzeuge und 12 Fahrgestelle, wobei es sich teilweise um einmalige Exemplare handelt. So erinnert hier das Original des ersten Motorwagens von Carl Benz an den Beginn der Motorisierung. Aus dieser Frühzeit stammen auch der von Maybach entwickelte Daimler-Stahlradwagen, ein Serpollet Dampfwagen mit Kohlefeuerung, der Panhard & Levassor von 1894 oder das Dreirad von Léon Bollée. Hier

Adler-Wagen, Baujahr 1900.

sieht man einen Opel-Lutzmann (die »kurze« Ausführung, das »lange« Fahrzeug ist in Rüsselsheim), einen Maurer-Union mit Reibrad-Kraftübertragung, ebenfalls Baujahr 1900, sowie den amerikanischen Baker Electric von 1908.
Revolutionäre Vertreter im Automobilwesen sind u. a. der Rumpler Tropfenwagen mit aerodynamisch günstiger Karosserie, das über fünfzehnmillionenmal am Fließband gebaute Ford T-Modell, der Lancia Lambda mit selbsttragender Karosserie-Rahmenstruktur und unabhängig aufgehängten Vorderrädern, der Opel Olympia mit selbsttragender Karosserie und der Stromlinien-Tatra Typ 87.
Auch der Motorsport kommt nicht zu kurz: Der Protos 1908, Zweiter bei dem damaligen Rennen um die Welt, der Audi Alpensieger von 1914, ein 1,5-Liter Kompressor-Mercedes des Jahres 1922 und ein Mercedes-Benz 300 SLR 1955 sowie der 1973er Porsche 917-30 Turbo geben Kunde vom technischen Stand ihrer Zeit.
Gegenwärtig befindet sich die Zweirad-Abteilung noch auf der Galerie im Lokomotiv-Saal. Es ist vorgesehen, die Motorrad-Abteilung mit der Automobil-Abteilung zu vereinen und in einem voraussichtlich 1983 fertiggestellten Anbau unterzubringen.
Von Interesse ist sicher noch das in der Abteilung Chemie befindliche Bayer-Auto. Es stellt das erste »Vollkunststoffauto« dar und veranschaulicht durch aufgeschnittene Details, welche Bauteile neben der Karosserie ebenfalls aus Kunststoff im Auto ihren Dienst verrichten können. Motor und Fahrwerk dieses 1967 hergestellten Wagens stammen von BMW.
Das Restaurant im Museum bietet kalte und warme Küche.

Deutsches Zweirad-Museum

Urbanstraße 11
7107 Neckarsulm
Telefon: 07132/351

Öffnungszeiten:
März – Nov. tägl. 9.00–12.00 Uhr und 13.30–17.00 Uhr,
Dez. – Febr. nur nach Vereinbarung
Parkplätze genügend vorhanden

In Zusammenarbeit mit dem Deutschen Museum München und der einschlägigen Industrie gründete der damalige Bürgermeister Dr. Hoffmann 1956 das Deutsche Zweirad-Museum in Neckarsulm. Es befindet sich in dem über 400 Jahre alten ehemaligen Deutschordensschloß und umfaßt 4 Stockwerke.

Mit 200 Fahrzeugen auf 800 qm werden die Entwicklung, aber auch die Erfolge des Zweirades nahegebracht – angefangen mit dem Laufrad des Freiherrn von Drais (1817) über die französischen Michaux-Räder und die Hochräder bis zu dem Sicherheitsniederrad. Neben einigen Sonderkonstruktionen findet man außerdem das Rennrad von Ex-Weltmeister Rudi Altig und das Rennrad von Udo Hempel, Mannschaftskapitän des deutschen Bahnvierers und Goldmedaillengewinners bei den Olympischen Spielen 1972 in München.

Eine Nachbildung des ersten Motorrads von Daimler (1885) führt die Garde der 120 motorisierten Oldtimer an. Alle berühmten Namen wie Adler, AJS, Ardie, BMW, DKW, Douglas, Hercules, Horex, Husqvarna, Kreidler, Maico, Mars, Megola, Norton, Opel, Puch, Triumph, Victoria, Vincent, Wanderer, Windhoff, Zündapp sind vertreten und selbstverständlich NSU, der größte Motorradproduzent der 50er Jahre.

Für Motorsportfreunde wird die Abteilung mit den 30 Renn-Motorrädern, Weltrekord- und Geländerekordmaschinen der größte Anzie-

Laufrad des Freiherrn von Drais, 1817.

Megola-Motorrad, 5 Zyl.-Sternmotor, Baujahr 1923.

hungspunkt sein. Hier wird u. a. das NSU-Weltrekordfahrzeug von Gustav Baumm, der »Fliegende Liegestuhl«, gezeigt.

Im Frühjahr 1980 wurde eine spezielle NSU-geschichtliche Abteilung eröffnet, die auch die Personenwagenmodelle Prinz und Ro 80 enthält. Zugleich werden die bahnbrechenden Forschungen gewürdigt, die dem Wankelmotor zu seiner Geltung verhalfen. Dazu kam noch ein Prinz Formel-4-Rennwagen (Mini-Junior), für argentinische Nachwuchsfahrer um 1960 konstruiert. Andere Sonderausstellungen wechseln jährlich und werden im großen Gewölbekeller gezeigt.

Zu erreichen ist dieses Museum über die BAB Mannheim – Stuttgart, Abfahrt Heilbronn.

Borgward-Automobil-Museum

Hermannstraße 49
5450 Neuwied 1
Telefon: 02631/24301

Öffnungszeiten:
Apr. bis Okt. jedes 2. und 4. Wochenende

Goliath 1100, 4 Zyl.-Takt-Boxermotor, 40 PS, 1957.

Dieses Museum hat sich einem einzelnen Autopionier verschrieben. Mit 60 Fahrzeugen des Borgward-Konzerns auf ca. 700 qm zeigt es dem Betrachter einen Auszug der Produktionen von 1919 bis 1966.
Einige Vorkriegswagen wie Hansa-Lloyd von 1919, Hansa 1100 von 1936 und 1939, Hansa 1700 von 1937 oder gar ein Goliath Pionier von 1931 führen den Reigen der bunten Modell-Palette an. Ihnen folgen weitere jüngere Lloyd, Hansa und Borgward verschiedenster Versionen bis hin zur beliebten Isabella. Sie lassen an dieser Stätte die Borgward-Ära wieder aufleben. Die Vielzahl der Typen macht die Sammlung abwechslungsreich und interessant.
Gegründet wurde dieses Museum anläßlich des 85. Geburtstags von Dr. Ing. Carl F.W. Borgward am 10. November 1975. Es soll ein bescheidenes Denkmal für dessen Schaffen sein.
Gegen Hunger und Durst helfen Restaurants in unmittelbarer Nähe.
Neuwied liegt rechtsrheinisch, nordwestlich von Koblenz.

Auto-Sammlung Öhringen

Stettiner Straße
7110 Öhringen
Telefon: 07941/2801

Öffnungszeiten:
1. April – 31. Okt. tägl. 13.00–17.00 Uhr,
1. Nov. – 31. März Montag bis Freitag
13.00–17.00 Uhr
Parkplätze vorhanden

Delahaye 135 MS, gebaut 1948.

Rolls-Royce Silver Wraith, Baujahr 1952.

Das Hohenloher Land ist mit seinen Burgen und Schlössern, seinen Weinbergen und verschwiegenen Dörfchen schon immer ein Anziehungspunkt für Naturfreunde und Entdecker gewesen, und es birgt auch heute noch so manchen Schatz aus der Vergangenheit. Hier, in dem kleinen, doch regen Städtchen Öhringen, befindet sich seit 1980 eine Autosammlung mit 20 exklusiven Fahrzeugen aus den Jahren 1945 bis 1960.

In einer 350 qm großen, sauberen und dekorativ hergerichteten Halle zeigen sich u. a.: Aston-Martin MK III, Bentley R-Typ, BMW 3200 L 1961, Cadillac Typ 62, Daimler-Benz 300 Sc 1956, Delahaye 135 MS, Hotchkiss 2050, Lancia Aurelia Spider und Talbot-Lago Record in ausgezeichnetem Zustand. Informationstafeln geben Auskunft über technische Daten, und ein Katalog beschreibt ausführlich alle ausgestellten Automobile. Ob jung oder alt, jeder findet hier seinen Wagen, welcher ihn in die Welt seiner Träume und Wünsche versetzt.

40 Portraits bedeutender Pioniere des Automobils schmücken die Wände des Domizils dieser stolzen Garde.

Ein Erfrischungsraum ist dieser Sammlung angeschlossen, und dort bietet sich auch Gelegenheit zum Fachsimpeln.

Öhringen liegt an der Autobahn Heilbronn-Nürnberg. Das Ausstellungsgebäude befindet sich im Industriegebiet in der Nähe der Autobahn-Abfahrt. Die Sammlung ist auf dem Gelände der Firma Heyd untergebracht.

Auto + Technik Museum e.V.

Obere Au 2
6920 Sinsheim
Telefon: 07261/64780

Öffnungszeiten:
täglich 10.00–18.00 Uhr
Parkplätze vorhanden

Eines der größten und umfangreichsten Museen Europas konnte im Mai 1981 seine Tore öffnen. Hier wird dem Besucher eine Sammlung von Fahrzeugen präsentiert, die die gesamte Entwicklung der Motorisierung darstellt. Auf 8000 qm Ausstellungsfläche können in sinnvoll räumlicher Anordnung Oldtimer zu Lande, zu Wasser und in der Luft besichtigt werden.
Die Automobilabteilung zeigt mit ihrem gut fundierten Angebot einen reichhaltigen Überblick von 1894 bis zur Gegenwart. Kleinwagen, Luxusautos, Sport- und Rennwagen, Fahrzeuge bekannter Marken, aber auch seltener Typen, gewährleisten eine umfassende Informationsquelle, und der Clou hierzu bildet der Rekordwagen »Blue Flame«.
Eine weitere Abteilung ist den Straßenbaumaschinen gewidmet, die, als Gruppen zusammengestellt, viel Atmosphäre vermitteln.
Die Lokomotiven mit Tender, die auch zur Kategorie der Dampfmobile gehören, sind wahre Monumente der Mechanik. Eine von ihnen wird täglich zu bestimmten Zeiten in Betrieb gesetzt.
Etliche Motorräder (Ardie, BMW, Harley-Davidson, Indian, Norton und Scott) sowie Motoren, Friktionspressen, Kühler, Räder und Vergaser dienen der Auflockerung dieser umfangreichen Ausstellung.
Der MAN U-Boot-Dieselmotor, 1200 PS von 1917 und ein Isotta-Fraschini-Schnellbootmotor, 18-Zylinder von 1935, erwecken sicher nicht nur bei Seefahrern Interesse, und auch der Pratt & Whitney 9-Zylinder-Sternmotor sowie die Flugzeuge Fokker E 3 von 1915 und der Flug-Trainer Typ North America von 1938 verdienen besondere Beachtung.
Auf Video-Bildschirmen werden historische Originalfilme gezeigt.

Magirus Feuerwehr, 4 Zyl.-Motor, 70 PS, 1921.

Lanz Bulldog, 12 PS, Baujahr 1921.

Ausschnitt der Military-Schau.

Schon im August 1981 erfolgte durch die Eröffnung der angeschlossenen Military-Sammlung eine auch räumlich wesentliche Erweiterung. Heeresfahrzeuge aller Art aus sechs Jahrzehnten zeigen die internationale Entwicklung der Militär-Motorisierung. Zugleich findet der Besucher durch anschaulich plazierte Beigaben eine vielseitige Auflockerung dieses hier friedlich dargestellten Themas.

Eine Cafeteria mit Blick ins Museum lädt zu einer Unterbrechung und Stärkung ein. Der große Parkplatz und das dazu gehörige Freigelände ist für motorsportliche Club-Veranstaltungen bestens geeignet.

Das Museum befindet sich im Autobahn-Abschnitt Walldorf-Heilbronn, Abfahrt Sinsheim. Gut beschildert.

Erzeugnissammlung der Robert Bosch GmbH

Robert Bosch GmbH
Wernerstraße 17
7000 Stuttgart 30
Telefon: 0711/8115138
Postanschrift:
Robert Bosch GmbH
Firmenarchiv (APV 1)
Postfach 50
7000 Stuttgart 1

Öffnungszeiten:
nur nach vorheriger Vereinbarung

Die Entwicklung der Motorisierung ist eng mit dem Namen Bosch verbunden. In der von Robert Bosch 1886 gegründeten Werkstätte für Feinmechanik und Elektrotechnik wurden die anfänglichen Probleme der Zündung gelöst. Bereits ein Jahr danach begann die Fertigung von Magnet-Zündapparaten, womit man die unzuverlässige Flammen- und Glührohrzündung ablöste. Die Bosch-Abreißzündung als erstes serienmäßig gefertigtes Zubehör wurde ab 1898 an Daimler geliefert. Diesem nur bei niedrigen Drehzahlen richtig arbeitendem System folgte die von Gottlob Honold im Jahre 1901 erfundene Hochspannungszündung.
Das »Elektrizitätswerk« im Auto wurde ständig verfeinert und reicht weiter bis zur Transistor-Zündung unserer Tage. Gleichfalls erfolgte eine Verbesserung der ab 1902 gefertigten Zündkerzen, und in diesem Zusammenhang müssen auch Zündspule, Zündverteiler, Lichtmaschine, Anlasser und Batterie genannt werden. Weitere wichtige Entwicklungen betreffen das elektrische Horn (ab 1921), Scheibenwischer (1926) und Winker (1928) und besonders die Scheinwerfer. Nicht zum Schluß müssen auch die Diesel-Einspritzpumpen erwähnt werden, aus der schließlich die Benzin-Einspritzausrüstung entstand.
Einzelheiten dieser Fortschritte zeigt die Erzeugnissammlung von Bosch.
Die Ausstellung befindet sich im Stadtteil Feuerbach, zwischen dem Bahnhof Feuerbach und dem Bosch-Werk.

Daimler-Benz-Museum

Daimler-Benz AG
Mercedesstraße
7000 Stuttgart 60 (Untertürkheim)
Telefon: 0711/3022915

Öffnungszeiten:
Besuch auf Anfrage
Parkplätze vor dem Werkseingang

Die beiden ältesten Automobilfabriken der Welt – die Daimler Motoren-Gesellschaft und die Benz & Cie. – vereinigten sich 1926 zur Daimler-Benz AG. Bereits im Jahr 1911 hatte man im Daimler-Werk Untertürkheim eine Ausstellung firmengeschichtlich wertvoller Wagen eröffnet, die im weiteren Verlauf durch Renn- und Lastwagen sowie durch Motoren für Schienenfahrzeuge, Luftschiffe und Flugzeuge ergänzt wurde. 50 Jahre Automobilbau bildeten dann 1936 den Anlaß, einen neuen Ausstellungsraum einzuweihen. Die Kriegsereignisse dezimierten auch die Museumsbestände, doch nach dem Wiederaufbau erhielt die Öffentlichkeit zu den noch vorhandenen Objekten erneut Zutritt.

Das in der heutigen Form existierende spezielle Museumsgebäude wurde 1961 fertiggestellt. In drei Etagen mit einer Gesamtfläche von 3500 qm ist für 80 Autos und 80 Motoren ausreichend Platz geboten. Hier spiegelt sich der Werdegang des Autos bis zur Gegenwart und die außergewöhnliche Tradition der Marke Mercedes-Benz wider.
In der Eingangshalle werden Wagen der gegenwärtigen Produktion gezeigt. Daran anschließend kann sich der Besucher über die Pionierleistungen von Gottlieb Daimler und Karl Benz informieren. Es werden die Bestrebungen Daimlers deutlich, der mit seinen Motoren nicht nur Straßenfahrzeuge für die Personenbeförderung, sondern auch Boote, Feuerspritzen und Loko-

motiven antreiben ließ. Im Gegensatz dazu baute Benz mit seinem Patent-Motorwagen erstmals ein Fahrzeug mit organisch integriertem Antrieb. Dieser Wagen von 1886 wie auch Daimlers Motorkutsche des gleichen Jahres sind hier zu sehen. Die sich daran anschließende Entwicklung wird u. a. durch folgende Fahrzeuge deutlich: Daimler Stahlradwagen 1889, Benz »Viktoria« 1893, Benz »Velo« 1894, Daimler Riemenwagen 1894, Benz »Ideal« 1899, Benz »Parsifal« 1903, Mercedes Simplex von 1904 und 1907.

Daimlers Mitarbeiter Wilhelm Maybach hatte um die Jahrhundertwende das erste neuzeitliche Auto entwickelt, mit gekröpftem Rahmen und dadurch tieferem Schwerpunkt, und mit stärkerem Motor. Nach dem 1. Weltkrieg erschienen die ersten Mercedes Kompressor-Wagen, die eine bis 1939 währende Periode von Serien- und Rennwagen mit aufgeladenen Triebwerken einleiteten.

In der 2. Etage befinden sich 30 Mercedes-Benz-Personenwagen ab Baujahr 1926. Hier stehen jene leistungsstarken Kompressor-Modelle SSK, 500 K, 540 K und 770 K, aber auch der »Große Mercedes« ist zweimal vertreten. Der 1936 gebaute Typ 260 D ist der erste serienmäßige Diesel-Personenwagen der Welt.

Die Rennwagen-Abteilung ist im Obergeschoß untergebracht. Beginnend mit dem Daimler Phönix von 1899, gelangt man am 100-PS-Mercedes von 1906 und am »Blitzen-Benz«

vorbei zu den Mercedes-Rennwagen zwischen 1914 und 1939, die in den Annalen des Rennsports und der Geschwindigkeitsrekorde an hervorragenden Stellen eingetragen sind. In den Jahren 1952 bis 1955 hatte es Daimler-Benz ein weiteres Mal mit den Typen 300 SL, 300 SLR und W 196 zu Welt- und Rennsportwagen-Meisterschaften gebracht. Außerdem ist ein Versuchswagen C 111 von 1970 zu sehen.

Specialroadster von 1936.

Kolbenmuseum Mahle

Mahle GmbH
Pragstraße 26-46
7000 Stuttgart-Bad Cannstatt
Telefon: 0711/5011

Besuchszeiten nach Vereinbarung

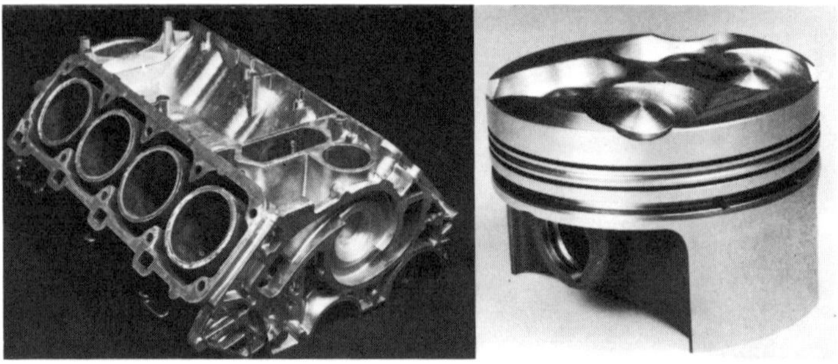

Links: Porsche Motorblock aus Leichtmetall – Rechts: Ferrari-Rennkolben.

Der Kolben ist das erste Glied in der Kette der kraftübertragenden Teile einer Kolbenkraftmaschine. Er setzt die durch die Verbrennung entstehende Kraft in Arbeit um, er soll den Arbeitsraum beweglich abschließen und abdichten, er ist den Verbrennungstemperaturen ausgesetzt, er muß den Schmierölumlauf regeln und aufgenommene Wärme ableiten. Die Vielzahl dieser Aufgaben befriedigend zu beherrschen gelang erst im Laufe einer langen Entwicklung. Mahle hat seit 1920 auf den Kolbenbau wesentlichen Einfluß genommen. So verliefen schon 1921 die ersten Versuche mit Leichtmetallkolben (Zweimetall) durch Dipl.-Ing. Ernst Mahle erfolgversprechend, und man fertigte auch bereits geschmiedete Kolben.
Darüber hinaus wird die 1949 eingeleitete Entwicklung von Leichtmetallzylindern gewürdigt.
Diese Geschichte bis zur Gegenwart auf rund 400 qm Ausstellungsfläche aufzuzeigen ist das Anliegen des Kolbenmuseums, das im Mai 1982 eröffnet wurde.
Das Museum ist nicht ständig geöffnet, doch auf Anfrage ist man bei Mahle gerne bereit, eine Besichtigung zu arrangieren.

Porsche Museum

Dr. Ing. h.c. F. Porsche KG
Porschestraße 42
7000 Stuttgart-Zuffenhausen
Telefon: 0711/8203-1

Öffnungszeiten:
Montag bis Freitag 9.00–12.00 Uhr und 13.30–16.00 Uhr
Parkplätze außerhalb des Werksgeländes

Das Porsche-Museum befindet sich im Porsche-Werk 2 neben dem Kundenempfangsraum, Eingang Neuwagen-Auslieferung, Porschestraße Ecke Moritz-Horkheimer-Straße.
Hier kann man sich über das Schaffen und die Entwicklung von Professor Ferdinand Porsche seit dem Anfang dieses Jahrhunderts informieren. Bildtafeln mit aufschlußreichen Texten unterrichten von diesen Arbeiten. Bemerkenswert sind die bei Lohner in Wien konstruierten benzin-elektrischen Wagen von 1900 mit Radnabenmotoren an den Vorderrädern und die Mixte-Automobile mit gleicher Antriebsart. Bei Austro-Daimler entstanden der berühmte Prinz-Heinrich-Wagen, aber auch die schweren Mörserzüge und nach dem 1. Weltkrieg der erfolgreiche kleine Sascha Rennwagen. Weitere Marksteine aus Porsches verschiedenen Wirkungskreisen sind die Mercedes-Kompressor-Modelle vom Ende der zwanziger Jahre, der Steyr XXX als Grundlage für die anschließenden Typen der gleichen Marke, der Wanderer W 22, die Heckmotor-Rennwagen der Auto Union und natürlich der Volkswagen. Erst ein 1948 in Gmünd entstandener zweisitziger Sportwagen mit VW-Motor trug den Namen Porsche. Dieser von dem Sohn Ferry Porsche entworfene Typ 356 bildete die Basis zu der drei Jahre später in Stuttgart-Zuffenhausen aufgenommenen Porsche-Fabrikation und damit zu der weltbekannten »Sportwagenschmiede«.
Die 600 qm große, übersichtliche Museumshalle beherbergt neben einem Austro-Daimler ADM 1 und dem

schon erwähnten Wanderer sowie einem 1,5-Liter-Zwölfzylinder Cisitalia (Konstruktion Ferry Porsche) rund 30 Serien- und Rennfahrzeuge des Hauses Porsche. Hierzu gehören beispielsweise die Typen Spyder RS 60, Bergspyder RS 61, Carrera 906, Bergspyder 910/8, Carrera RSR Martini, Bergwagen 909, 908/3, 911 Turbo, 917 Le Mans 1970, 917/30 und 917 Langheck. Mehrere Motoren, Aggregate und Getriebe ermöglichen technisch ambitionierten Besuchern eine Erweiterung ihres Wissens, wie auch allgemein diese Produkte hervorragenden Ingenieurwesens eine willkommene Ergänzung zu den gezeigten Automobilen darstellen.
Eine größere Anzahl von Porsche-Fahrzeugen ist als Leihgabe in anderen in- und ausländischen Museen stationiert.

Auto-Museum

Auto-Museum L. L. Hillers
2071 Tremsbüttel
Telefon: 04532/7196

Öffnungszeiten:
April – Okt. tägl. 10.00–18.00 Uhr,
Nov. – März Sonn- und Feiertage 10.00–18.00 Uhr
Parkplätze vorhanden

Abseits vom Verkehr, in einer ehemaligen Scheune mit Ziegelsteingemäuer, geben 45 Autos und einige Motorräder dem Besucher einen Blick frei in die automobile Vergangenheit. Auf 1000 qm präsentieren sich Oldtimer, wie man sie oft nur noch bei Veteranen-Rallyes sieht. Da alle Fahrzeuge fahrbereit sind, ist es selbstverständlich, daß man einige von ihnen wie den Opel 4/16, den Mercedes von 1923 oder den Mercedes-Benz von 1927 zu diesem Zweck hervorholt.

Nur selten werden Fahrzeuge ausgetauscht, so daß sich der Betrachter bei mehrmaligen Besuchen alles für ihn Wissenswerte über einen Adler von 1908, BMW 3/15 Ihle, Brennabor Ideal, Delahaye 135, Horch 830 von 1933, verschiedene DKW-, Ford-, Hanomag-, Mercedes- und Opel-Modelle – um nur einige zu nennen – aneignen kann.

Attraktiv postierte Fahrzeuge in den Eingangsräumen und viele Vitrinen mit Einzelheiten versprechen einen lohnenswerten Rundgang.

Das Museum wurde 1966 eröffnet und ist stolz darauf, das erste private Automobil-Museum in Deutschland zu sein.

Im benachbarten Schloß Tremsbüttel (erbaut 1894), mitten in Parkanlagen, sorgt ein exklusives Restaurant für die notwendige Entspannung.

Tremsbüttel liegt nordöstlich von Hamburg. BAB Hamburg-Kiel, Autobahn-Abfahrt Bargteheide, B 404.

Westfalia-Museum

Westfalia Werke
Franz Knöbel & Söhne KG
4840 Wiedenbrück
Telefon: 05242/15302

Öffnungszeiten:
1. Mai – 30. Sept. tägl.14.00 –18.00 Uhr
und nach Vereinbarung

»Freizeit- und Nutzfahrzeuge« – so lautet der Untertitel zu dieser Sammlung. Die Exponate sind aus der Produktion von Westfalia hervorgegangen.

Ein Kutschwagen aus dem Jahre 1922, der 5 Personen und dem Kutscher Platz bot, war schon damals für eine Fahrt ins Grüne mit Picknick gedacht. Als um 1950 die Reiseziele entfernter wurden und der Aufenthalt im Freien immer länger und beliebter, rüstete das Werk für diesen Zweck VW-Transporter zu Campingwagen um, und bei den hier ausgestellten Fahrzeugen läßt sich ein Fortschritt anhand des Komforts nicht verleugnen. Ein Wohnmobil Typ Sven Hedin von 1978 ist das 200000ste Produkt dieser Gattung.

Einige Wohnanhänger finden sicher Interesse bei Camping-Freunden mit eigenem Zugwagen. Der hier gezeigte BMW 502 und sogar der ältere Citroën 5 HP Trèfle könnten zu diesem Zweck herangezogen werden.

1895 begann die Firma mit der Herstellung von landwirtschaftlichen Pferdewagen, und bei den Nutzfahrzeugen wurde in den 50er Jahren mit der Produktion von Kombi- und Kleinlieferwagen auf Gutbrod- und VW-Basis begonnen. Der VW Typ 147 war sowohl bei der Deutschen als auch bei der Schweizer Bundespost ein beliebtes Gefährt.

Das Museum ist im Werk 5, Stromberger Straße/Ecke Lümmernweg, Einfahrt vom Lümmernweg, untergebracht.

Kleinwagenmuseum Willsbach

7104 Willsbach
Telefon: 07134/3731

Öffnungszeiten:
Samstag und Sonntag 13.00–17.00 Uhr
Parkplätze vorhanden

Die abwechslungsreiche Umgebung, aber auch die günstige Lage des Museums tragen mit dazu bei, daß man hier für einige Zeit der Langeweile entfliehen kann. 20 deutsche Kleinwagen sind auf 250 qm plaziert, unter ihnen die Marken Fuldamobil, Kleinschnittger, Maico, VW, Glas, Lloyd, Heinkel und Goggomobil. Einige Fahrzeuge stehen zu Austauschzwekken bereit, und es ist angestrebt, die Sammlung noch zu vergrößern.

Ein Champion-Fahrgestell offenbart eine zu jener Zeit fortschrittliche Technik, die sogar im Kleinwagenbau Eingang fand.
Ein DKW- und ein Hercules-Motorrad passen sich der Atmosphäre dieses Museums an.
Willsbach liegt östlich von Heilbronn, Autobahn-Abfahrt Weinsberg. Man findet das Museum an der B 39 (Richtung Schwäb.Hall) gegenüber der Fanal-Tankstelle.

Automobilmuseum von Fritz B. Busch

Am Schloß
7962 Wolfegg
Telefon: 07527/6294 und 07529/430

Öffnungszeiten:
15. März – Ende Okt. tägl. 9.00–17.00 Uhr,
im Winter nur Sonntag 10.00–16.00 Uhr
Parkplätze vorhanden

Ein 500 Jahre altes, unter Denkmalschutz stehendes Nebengebäude des Schlosses bildet die richtige Kulisse für die in 2 Etagen auf 2200 qm untergebrachte Sammlung. Mit 135 Fahrzeugen vermitteln sie einen beachtlichen Einblick in die Entwicklung der Fahrzeugindustrie. Automobile ab 1897 sowie Renn- und Sportwagen stellen den größten Teil der Exponate dar.
In einer separaten Halle sind die Kleinwagen untergebracht, und wohl manch ehemaliger Eigner eines solchen Modells wird hier länger verweilen.
Nicht nur Automobile, auch Motorräder und Roller regen – besonders bei den Zweirad-Freunden – das Interesse an. Auch hier werden sicher Erlebnisse vergangener Zeiten wachgerufen.
Mit einigen Traktoren, Motoren, einer Tankstelle aus »Opas Zeiten« und Bildern von damals wird diese Sammlung aufgelockert und hinterläßt bei jedem Besucher einen besonderen Eindruck.
Man sollte sich Zeit und Ruhe zum Besuch dieses Museums nehmen.
Durch gelegentliches Auswechseln einzelner Ausstellungsstücke gegen andere verändert sich der Charakter der Abteilungen, und dadurch erschießen sich neue Quellen der Information.
Ein Besuch des Schlosses mit seinem Rittersaal und der Waffensammlung

sowie der Barock-Schloßkirche ist zu empfehlen.
Gemütliche Restaurants und Gasthäuser laden zur Entspannung und Stärkung ein.

Wolfegg liegt an der Oberschwäbischen Barockstraße im Dreieck Ravensburg-Bad Wurzach Wangen/Allgäu, eine Gegend mit vielen Sehenswürdigkeiten.

Zweitakt-Motorrad-Museum

DDR-9382 Augustusburg/Erzgebirge
Telefon: 267

Öffnungszeiten:
Ganzjährig täglich 8.00–12.00 Uhr
und 13.00–16.00 Uhr

In einem Renaissance-Schloß aus dem 16. Jahrhundert ist das einzige Zweitakt-Motorrad-Museum der Welt untergebracht. Seit 1961 zeigt es dem Zweirad-Freund auf einer 500 qm großen Fläche mindestens 60 Fahrzeuge aller Klassen.
Eine spezielle Zweitakt-Motorrad-Abteilung bietet dem interessierten Besucher viel Aufschlußreiches zu diesem Thema. 500 weitere Motorräder stehen für Demonstrationszwecke zur Verfügung.
Die ausgestellten Fahrzeuge präsentieren die Motorrad-Entwicklung von 1885 bis 1960. Ständig werden Schaustücke ausgetauscht, so daß auch bei mehrmaligen Besuchen neue Eindrücke entstehen.
Als Besonderheit bietet dieses Museum eine historische Abteilung mit Original-Nachbildungen 1:1 vom Daimler-Petroleum-Reitwagen 1885 und des Motorrades von Hildebrand & Wolfmüller 1894.
Eine Laurin & Klement von 1899, eine NSU-Rennmaschine von 1909, eine FN-Vierzylinder von 1905, die ersten und alle späteren Serien-Motorräder aus Zschopau wie auch DKW-, Auto Union-DKW- und MZ-Rennmaschinen machen dem Betrachter die Zweiradgeschichte gegenwärtig.
Über 30 Motoren, Tafeln berühmter Zweitakt-Motoren und ein gläserner MZ-ES-150-Motor vervollständigen diese Sammlung, eine Fundgrube für Zweirad-Enthusiasten. Außerdem wird ein guter Katalog angeboten.
Ein Restaurant lädt zu einer Ruhepause und eventuellen Stärkung ein.
Augustusburg ist von Karl-Marx-Stadt (Chemnitz) in wenigen Autominuten zu erreichen. Autobahn-Abfahrt Frankenberg, dann 12 km in südliche Richtung fahren.

Verkehrsmuseum Dresden

Johanneum
Augustusstraße 1
DDR-8010 Dresden

Öffnungszeiten:
täglich 9.00–17.00 Uhr,
Montag geschlossen

Dieses Museum ist dem gesamten Verkehrswesen gewidmet und zeigt einen Ausschnitt dessen, was sich – durch Menschenhand, vorwiegend in den letzten beiden Jahrhunderten, geschaffen – zu Lande, zu Wasser und in der Luft bewegt.

Die Automobil-Abteilung wartet überwiegend mit Fahrzeugen deutscher Herkunft auf. Da sind von Benz das Dreirad 1885/88, auch Viktoria 1893, Comfortable 1896, Dos-à-Dos 1899, Elegant-Tonneau 1900, Ideal 1901, sowie die Typen 14/30 von 1919 und 8/20 von 1912.

Ein Wanderer von 1904 ist wohl das älteste Fahrzeug der 1885 gegründeten Wanderer Werke in Chemnitz, welches damals in der heutigen DDR hergestellt wurde. Die Wanderer-Werke waren auf die Produktion von Fahrrädern eingestellt und dies ist der zweite Versuchswagen mit Zweizylindermotor. Erst 1911 konnte man mit dem Wanderer 5/12 (Puppchen) in die Serie gehen.

Mit dem Simson-Supra Tourenwagen von 1925 besitzt diese Sammlung einen der wenigen noch existierenden Fahrzeuge der Simson-Werke. Dieses in Suhl/Thüringen ansässige Werk wurde unter anderem durch seine Sportwagen berühmt.

Nicht zu vergessen der DKW 4=8 der Zschopauer Motorenwerke AG J.S. Rasmussen. Die selbsttragende Sperrholzkarosserie bei diesen Wagen war zwar interessant, aber auch ein Wagnis.

Von den ausländischen Wagen kann man einen Panhard-Levassor 1893 und einen belgischen Exelsior Baujahr 1904 bewundern.

Auch die Motorrad-Abteilung hat manch seltenes Stück aufzuweisen. Wer wäre nicht von einer Megola mit

Simson-Supra Typ SO, 1925.

Fünfzylinder-Nabenmotor im Vorderrad oder von einer Böhmerland beeindruckt?
Wessen Wissendrang noch nicht befriedigt wurde, sollte die anderen Abteilungen, die für das Schiff- und Luftfahrtwesen, aber auch für Eisenbahnen zuständig sind, aufsuchen. Eine Bibliothek ist dem Museum angeschlossen.
Das Verkehrsmuseum liegt in der Innenstadt.

Wartburg-Automobilmuseum

Wartburg Allee
DDR-5900 Eisenach

Öffnungszeiten:
täglich 9.00–17.00 Uhr
Parkplätze vorhanden

Dixi R 8, 6/14 PS, gebaut 1908–1911.

Wartburg 353.

Bereits vor der Jahrhundertwende baute die Fahrzeugfabrik Eisenach Wartburg-Motorwagen. Konstruktion und Leistungsfähigkeit dieser »Kutschierwagen« brachten dem Werk bald einen ausgezeichneten Ruf über Deutschlands Grenzen hinaus ein, und Wartburg-Motorwagen wurden sogar nach England und unter dem Namen »Cosmobil« nach Nordamerika verkauft. Die Kette der Entwicklung und des Fortschritts riß nicht ab, und mit der Marke Dixi begann eine neue Ära.

Das kleine Museum, welches 12 Fahrzeuge beherbergt, zeigt in groben Zügen den Werdegang dieser Automobil-Epoche. Große, gut lesbare Tafeln verhelfen weiterhin dem Betrachter, sich mit der Geschichte des Werkes vertraut zu machen.

Der eigens zu diesem Zweck gebaute 340 qm große Pavillon zieht jährlich viele Besucher an, die hier gewiß ihr Verständnis für ein Stück Automobilgeschichte vertiefen.

Das Museum befindet sich unterhalb der Wartburg.

Jysk Automobilmuseum

DK-8883 Gjern
Telefon: 06/875050

Öffnungszeiten:
1. April – 15. Mai Samstag, Sonn- und Feiertage 10.00–18.00 Uhr,
15. Mai – 1. Sept. tägl. 10.00–18.00 Uhr,
1. Sept. – 1. Nov. Samstag und Sonntag 10.00–18.00 Uhr
Parkplätze vorhanden

Adler Feuerwerk, Baujahr 1911.

In einer landschaftlich reizvollen Gegend von Mitteljütland liegt der kleine Ort Gjern, dessen Automuseum recht beachtliche Eindrücke hinterläßt. Seit 1967 besteht diese Sammlung und sie zeigt auf 1400 qm 85 Fahrzeuge der Jahre 1900 bis 1943. Sie reicht vom Kleinwagen bis zum imposanten Feuerwehrauto.
Einen breiten Platz der hier ausgestellten Automobile nehmen jedoch die Klassiker mit großem Hubraum ein, z. B. Cadillac V12 Typ 370 Cabriolet von 1932, Chandler 6-Zylinder 1928, Hotchkiss AM 2 von 1926, Lincoln 8-Zylinder – Sedan-Modell 207 A – von 1931, Auburn V12 von 1932, Kissel 6-Zylinder von 1929 und Jordan 6-Zylinder von 1928.
Unter den Kleinwagen ist der Vivinus Torpilleur (2-Zylinder, luftgekühlt) ein interessantes Objekt.
Auch einige Motorräder bereichern diese Sammlung: Harley-Davidson 1929 und 1931, Indian Scout 1928, Nimbus 4-Zylinder 1927 und 1939.
Bulldogs, Traktoren und Feuerwehren vertreten die Nutzfahrzeuge, und ein Chevrolet Army Jeep von 1925 paßt sich diesen Allerweltskerlen an.
Ruhe und Stärkung findet man im Gasthaus in der Nähe.
Gjern liegt nordöstlich von Silkeborg und nordwestlich von Aarhus.

Danmarks Tekniske Museum

Ole Rømers Vej
DK-3000 Helsingør
Telefon: 03/222611

Öffnungszeiten:
Montag bis Freitag 10.00–16.00 Uhr,
Samstag und Sonntag 10.00–17.00 Uhr

Delaunay Belleville, gebaut 1906.

Das Museum wurde 1911 als private Institution gegründet. In den ersten Jahren befaßte man sich hauptsächlich mit dem Registrieren und Bearbeiten der gesammelten Stücke. Erst 55 Jahre später waren die Möglichkeiten geschaffen, einen Museumsbau zu errichten.
Größtes Gewicht wird auf Gegenstände gelegt, die in Dänemark entwickelt und hergestellt wurden.
Das wohl bekannteste Objekt ist das in Dänemark produzierte Hammel-Auto von 1886. Es erhebt oft den Anspruch, das älteste Automobil der Welt zu sein, ist noch fahrbereit und kann am Tag ca. 80 km zurücklegen. Ein Lemwig-Auto 1890, Christiansen 1899, Swift 1913, Szawe 1922, Nash 1924, Humber 1935 und Volvo PV 444 von 1947 sind schon Raritäten, und weitere 21 Autos zeigen einen Ausschnitt quer durch die Automobilgeschichte von 1890 bis heute.

Hammelvognen, gebaut 1886.

Das erste europäische Motorflugzeug 1906, von dem Dänen Ellehammer konstruiert, und andere Flugobjekte von 1910, 1911 und 1914 gehören dieser Sammlung ebenso an.
Viele Erststücke der Technik und weitere interessante Erzeugnisse prägen den Charakter des Museums.
Helsingør liegt an der Nordost-Küste von Lolland. Autobahn Kopenhagen-Helsingør.

Egeskov Veteranenmuseum

DK-5772 Kvärndrup
Telefon: 09/271612

Öffnungszeiten:
Sommermonate täglich 10.00–17.00 Uhr, Ostern und Feiertage bis Oktober
Parkplätze vorhanden

Bei der aus dem 17. Jahrhundert stammenden, bis 1942 strohgedeckten Scheune, eine der größten Dänemarks, blieb die Konstruktion trotz Umbau zu diesem Museum erhalten. Damals groß genug, um eine Egeskov Normalernte zu fassen, beherbergt sie heute rund 30 Autos, dazu Flugzeuge und Pferdekutschen.
Bei den Automobilen sind solche amerikanischer Herkunft in der Überzahl und Cadillacs mit V8-, V12- und V16-Motor sind gleich mehrere Male vertreten. Nash 6-Zylinder 1932 und Chrysler 1924 schließen sich dieser Reihe an.
Ein Porsche Spyder RS von 1958, mit dem Richard von Frankenberg 1959 das Flugplatzrennen in Linz gewann, ist ein Hauptanziehungspunkt der Ausstellung.
Auch der von F. Porsche konstruierte, bei Škoda gebaute 80 PS-Mörserzugwagen, mit dem im August 1914 die 30,5-cm-Mörser motorisiert wurden, hat hier seinen Ruheplatz gefunden.
Jährlich werden mehrere Exponate ausgetauscht und lassen auch einen zweiten Besuch interessant werden.
Ganz in der Nähe befinden sich Restaurants und eine Cafeteria.
Egeskov liegt 2 km westlich von Kvärndrup und ca. 30 km südlich von Odense.

Aalholm Automobil Museum

DK-Nysted/Lolland

Öffnungszeiten:
Ostern, 1. Mai – 19. September
täglich 10.00–18.00 Uhr
Parkplätze vorhanden

Delahaye, 4 Zylinder, 15 PS, gebaut 1904.

Rolls Royce »Silver Ghost«, 1911.

Dieses Museum wurde 1964 eröffnet und ist eines der größten seiner Art in Europa. Drei Landwirtschaftsgebäude und eine neu errichtete Halle mit 6000 qm Ausstellungsfläche beherbergen 170 Automobile.

Benzin-, Dampf- und Elektro-Fahrzeuge zeigen einen Ausschnitt der Geschichte des Autos, die sowohl den Enthusiasten begeistern wird, dessen Hauptaugenmerk im wesentlichen auf technischen Raffinessen und Einzelheiten liegt, als auch denjenigen, der ganz allgemein an der Entwicklung des Autos interessiert ist.

Der größte Teil dieser Sammlung besteht aus Fahrzeugen der ersten 50 Jahre der Automobilentwicklung, und mit Nachkriegswagen und Autos jüngerer Zeit wird das Programm vervollständigt. Eine rechte Informationsquelle, die den Weg ins Nachbarland lohnend macht und zum Studium viel Zeit erfordert.

Das dem Museum angeschlossene Restaurant und eine Cafeteria laden zu einer Rast und evtl. Stärkung ein.

Nysted mit dem aus dem 12. Jahrhundert stammenden Schloß Aalholm liegt 15 km südwestlich von Nyköbing an der Küste von Lolland. Von Deutschland besteht eine Verbindung durch die Fähre Puttgarden-Rödbyhavn.

Musée National de la Voiture et du Tourisme

Château de Compiègne
F-60200 Compiègne (Oise)
Telefon: 440 – 02 – 02

Öffnungszeiten:
1. April – 30. Sept. 10.00–11.15 Uhr und 13.30–17.15 Uhr,
1. Okt. – 31. März 10.00–11.15 Uhr und 13.30–16.15 Uhr
Parkplätze vorhanden

Dampf-Postkutsche von Amédee Bollée Vater, 1885.

Das Schloß von Compiégne, in dem dieses Museum untergebracht ist, untersteht dem Kultusministerium. Neben anderen Sehenswürdigkeiten besitzt es eine Fahrzeug-Abteilung mit ungefähr 250 qm Ausstellungsfläche, auf der unter anderem 27 Automobile gezeigt werden. Dabei handelt es sich überwiegend um Fahrzeuge, die bis 1914 gebaut wurden.
Die Dampfdroschke »La Mancelle« von 1878 ist sicher eines der interessantesten Stücke. Hinter dem zurückklappbaren Coupédach ist die Kesselanlage installiert, und der Fahrer sitzt genau über den einzeln gefederten Vorderrädern. Vater Amadée Bollée war der Konstrukteur dieses sonderbaren Vehikels.
Das Doppel-Phaeton Gobron-Brillié von 1898, die Elektroautos von Camille Jenatzky aus Brüssel oder das Raupenfahrzeug von Kégresse sind seltene Exemplare aus den Anfängen der Motorisierung.

Georges Richard, 1897.

Mit Kutschen, Zweirädern, Kinderfahrzeugen, Modellen und einer entsprechenden Bildersammlung bietet dieses Museum reichhaltiges Informationsmaterial.
Gasthöfe und Restaurants im Ort übernehmen gerne die Sorge um das leibliche Wohl.
Compiègne liegt 46 km nordöstlich von Paris. Autobahn Paris – Lille.

Zweirad-Museum

Musée Motos Vélos
F-54300 Lunéville
Telefon: (28) 731056

Öffnungszeiten:
täglich 9.00–12.00 Uhr und 14.00–18.00 Uhr
Montag geschlossen
Parkplätze vorhanden

Mehr als ein Vierteljahrhundert Sammlerliebe und -leidenschaft machten dieses Museum zu einem der bekanntesten seiner Art in Frankreich. Daher ist es nicht verwunderlich, daß die ersten Zweiräder, die in Frankreich gebaut wurden, hier ihren Alterssitz gefunden haben.

120 Motorräder, darunter das De Dion-Bouton Dreirad mit 1-Zylinder-Motor über der Hinterachse, welches bei dem Rennen Paris-Marseille-Paris über 1690 km führte, FN 4-Zylinder von 1906 und 1909, Rochet 2-Zylinder von 1908, Werner von 1901 (eine Rarität, gebaut vom »tapferen Schneiderlein« aus Wien), weiterhin Fahrzeuge berühmter Namen wie: ABC, AJS, Harley-Davidson, DKW, Ariel, Moto-Rève, Terrot, BSA, Henderson usw. zeigen die Geschichte der Zweiräder von 1885 bis 1938 auf.

60 Fahrräder und Tandems machen dieses Bild fast vollkommen und für Zweirad-Freunde zu einem echten Leckerbissen.

Das Museum wurde 1968 eröffnet und hat eine Ausstellungsfläche von 300 qm auf 2 Etagen.

Gaststätten in der Nähe sorgen gerne für das leibliche Wohl.

Lunéville liegt an der Straße Strasbourg-Nancy, etwa 120 km westlich von Strasbourg und 40 km südöstlich von Nancy an der N 4.

Collection Peugeot

Automobiles Peugeot S.A.
Boite Postale 50
F-25207 Montbéliard
Telefon: (81) 918342

Öffnungszeiten:
nur nach telef. oder schriftl. Vereinbarung
werktags 9.00–12.00 und 14.00–17.00 Uhr

Peugeot »La Marguerite«, gebaut 1892.

Peugeot Typ 172, 1923.

Als Armand Peugeot 1889 sein erstes Fahrzeug – ein Dampf-Dreirad – baute, legte er den Grundstein zu einem Unternehmen, welches heute der größte Automobilkonzern in Europa ist. Schon 1891 verließen die ersten in Serie gebauten Automobile das Fabrikstor. Aus der Vielzahl der dann folgenden Fahrzeugtypen konnte ein Teil wieder zusammengetragen und bewahrt werden und bilden heute die Collection Peugeot.

In Montbéliard, nahe dem Produktionszentrum der Peugeot-Werke in Sochaux, ist diese Sammlung untergebracht. Hier zeigen 45 Fahrzeuge, verteilt auf zwei Etagen in einer großen Halle, einen Querschnitt durch die Peugeot-Automobilgeschichte. Mit Quadricycle Typ 3, 2 PS, 2 Zylinder und 565-ccm-Motor, Vis-à-Vis 1892 und 1894, Break 5-Sitzer 1894, Victoria 1896, Vis-a-Vis 1897, Voiturette 1899, Torpédo 1906 und 1909, Pha-

Peugeot Darl'Mat, gebaut 1938.

éton 1909, Bébé 1913 (Bugatti-Konstruktion), Quadrilette 1921, Torpédo 1923 und 1927, Coupé de Maitre 1923, Berline 1931 und 1934, Roadster 1934, Berline 1937 und 1939, Compétition 1932, Type 301 C (ebenfalls Bugatti) Darl'Mat Sport 1937, Type 302 DS, 4-Zylinder, 1901 ccm, 404 Diesel 1965 gibt diese Ausstellung ein umfangreiches und informatives Bild von der Produktion des Unternehmens. Zahlreiche andere Typen sind noch in Restaurierung und werden nach Fertigstellung der Sammlung zugesellt.
Montbéliard ist an der Autobahn Mulhouse-Lyon, südlich Belfort, gelegen.

Musée Automobile de Provence

Pierre Dellierre

F-13660 Orgon
Telefon: (90) 730137

Öffnungszeiten:
täglich 8.00–12.00 Uhr und 14.00–18.00 Uhr
Parkplätze genügend vorhanden

Nicht nur für Experten, auch für denjenigen, der sich weniger für Automobilgeschichte interessiert, lohnt sich ein Besuch dieses Museums. In der 700 qm großen Halle stehen etwa 50 Fahrzeuge verschiedener Nationen und Klassen, die nicht nur bestaunt, sondern auch näher betrachtet werden können.

Die Vielseitigkeit der Automobile gibt ein abwechslungsreiches Bild. De Dion-Bouton von 1899, Darracq Torpedo von 1912, Lion-Peugeot von 1907, Ariés von 1912, Rolls-Royce »Silver Ghost« von 1924, Bugatti Typ 57, Delahaye 6-Zylinder, Amilcar mit 6-Zylinder-Kompressor-Motor, Rosengart von 1927 und Stanguellini Rennwagen von 1955 sind eine reiche Informationsquelle für den ernsthaft Interessierten.

Lenkräder, Speichenräder, Trophäen und Firmenschilder sowie historische Kinder- und Spielzeugautos sorgen für Auflockerung in dem Museum.

Ruhe und Entspannung finden Sie in den Restaurants und Gasthäusern am Ort.

Orgon liegt südöstlich von Avignon an der R.N. 7.

Musée National des Techniques

292, Rue Saint-Martin
F-75003 Paris
Telefon: (1) 8873738

Öffnungszeiten:
Wochentage 12.00–17.45 Uhr,
Sonntag 10.00– 17.30Uhr
Parkplätze in der Nähe

Dampfwagen von Amedée Bollée, 1873.

In einem ehemaligen Kloster wurde dieses Museum bereits 1794 gegründet, und 1802 konnte es eröffnet werden. Die Klosterkapelle aus dem 12. Jahrhundert beherbergt heute 20 motorisierte Wagen. Darunter ist das älteste erhaltene Kraftfahrzeug, der Cugnot Dampfwagen von 1770. Der 100 Jahr später von Amedée Bollée gebaute Dampfwagen »l'Obéissante« und die Dampffahrzeuge von Serpollet, De Dion, Bouton & Trépardoux und Peugeot-Serpollet wirken dagegen richtig fortschrittlich. Mit Panhard, Peugeot, De Dion oder Berliet usw. werden hauptsächlich Fahrzeuge französischer Produktion gezeigt. Der Außenseiter, ein Benz von 1899, paßt sich darum nur altersmäßig diesem Reigen an.

Fahrräder und Motorräder, Omnibusse und Motoren vervollständigen diese Sammlung, und mit zahlreichen Kleinteilen zeichnet sie den Werdegang des Zubehörs für die Automobilisierung auf.

Dieses ist das erste technische Museum überhaupt und zeigt auf einer Gesamt-Ausstellungsfläche von 6000 qm die Anfänge der Technik hin bis zu ihrer heutigen Entwicklung.

Zu einer Ruhepause und Stärkung zwischendurch lädt ein Restaurant ein.

Musée de L'Automobile Renault

53, Avenue des Champs-Élisées
F-75008 Paris
Telefon: (1) 6093131

Öffnungszeiten:
täglich 10.00–24.00 Uhr
Parkplätze in Seitenstraßen vorhanden

Auf der wohl bekanntesten Straße von Paris ist dieses Museum angesiedelt. Das Automobilwerk Renault zeigt hier mit 20 Fahrzeugen die Geschichte des Unternehmens, beginnend im Jahre 1898 mit der Voiturette. Schon 1901 erhielt dieses Modell beachtliche Verbesserungen, und das Tonneau von 1902 brachte es auf eine Geschwindigkeit von 50 km/h. Im gleichen Jahr baute Renault einen Rennwagen: 4-Zylinder, 3770 ccm und mit einer Spitze von 125 km/h. Es folgen »Double Berline« von 1907, Torpédo von 1913, Taxi von 1914, Torpédo Sport von 1921 sowie Autos aus den 30er und 40er Jahren. Bis zum Etoile Filante (»Sternschnuppe«) – ein Turbinenwagen für Versuchszwecke von 1956 – und zur Alpine von 1966 läßt sich der Fortschritt in Technik und Aufbau fast lückenlos verfolgen.
Die bei den Fahrzeugen befindlichen Tafeln geben Auskunft über Geschehnisse der betreffenden Epoche. Somit läßt diese Sammlung einen Besuch informativ und lohnend werden. 50 weitere Wagen stehen dem Museum zur Verfügung.
Im Pub Renault kann man in Ruhe den im Museum angefangenen Faden weiterspinnen.

Musée Automobile & Technique du Petit-Arran

F-89117 Parly (Yonne)
Telefon: 441069

Öffnungszeiten:
nachmittags
Parkplätze vorhanden

Dies ist mehr als eine Ausstellung von Automobilen aus vergangenen Zeiten. Von den 35 Fahrzeugen, die hier von sachkundiger Hand liebevoll gepflegt werden, tragen fünf den Namen Lambert.

Der Besitzer dieses Museums ist gleichzeitig der Konstrukteur der Lambert Automobile, die von 1926 bis 1954 mit einigen Unterbrechungen gebaut wurden. Die Besonderheit dieser eigenwilligen Sportwagen ist, daß die einzeln aufgehängten Räder vorn und hinten an doppelten Querfedern geführt sind. Auch als später Autos mit Frontantrieb gebaut wurden, hielt Lambert an dieser Konstruktion beharrlich fest. Als Antrieb diente der bewährte Ruby-Motor. Nach 1948 wurde die alte Richtung gegen Hinterradantrieb mit Starrachse vertauscht.

Die Lambert Automobile waren in Wettbewerben oft erfolgreich, doch gegenüber einer finanziell stärkeren Konkurrenz konnte sich die Firma nicht ausdauernd behaupten.

Erwährenswert sind auch die anderen Automobile: Senéchal, B.N.C., Rally, Sandford, Georges Irat und Delahaye haben einen unverwechselbaren sportlichen Charakter.

Restaurants in Toucy und Auxerre umsorgen Sie gerne.

Parly liegt zwischen Toucy und Auxerre an der N 65, etwa 170 km südlich von Paris.

Musée Henri Malartre

Chateau de Rochetaillée
F-69270 Rochetaillée s/Saône (Rhône)
Telefon: (78) 221880

Öffnungszeiten:
15. März – 14. Sept. 8.00–12.00 Uhr und 14.00–19.00 Uhr,
15. Sept. – 14. März 8.00–12.00 Uhr und 14.00–18.00 Uhr täglich, außer Weihnachten und Neujahr

Parkplätze vorhanden

Die wohl bekannteste und größte Sammlung von Automobilen in Frankreich beherbergt dieses Schloß. In 40 Jahren hat Henri Malartre fast 200 Fahrzeuge zusammengetragen, die nicht selten in einem demolierten Zustand waren. In der eigenen Reparaturwerkstatt halfen ihm fleißige Hände bei der Restaurierung, so daß jeden Monat wieder zwei Wagen vollkommen hergerichtet wurden. Es ist daher nicht verwunderlich, daß seltene und seltenste Fahrzeuge den interessierten Blick der Besucher auf sich ziehen. Oft sind es auch eigenwillige Konstruktionen wie die polierten rechteckigen Triebwerke der Bugattis, der überlange Riemenantrieb beim Bedelia, die vordere Radaufhängung des Sizaire et Naudin mit Querfeder, der elektrische Antrieb des Milde oder auch nur der Rochet Schneider von 1898, das erste Auto in Malartres Kollektion (1931 angeschafft), die Repräsentanten ihrer Epoche sind.
Die Vielzahl der Exponate lassen einen fast lückenlosen Werdegang der Automobilisierung verfolgen. Allen voran der Secretant Dampfwagen von 1890. Ihm folgen Benz Phaeton 1894, Laspougeas 1896, Delahaye 1898, George Richard 1900, La Buire 1907,

Thieulin 1907, Rolland-Pilain 1909, Zebre 1913, Monotrace 1926, Delage D 8 von 1929, Hispano-Suiza 1934, Lancia Astura 1938, Salmson 1938, Talbot 1949, Gordini, Ferrari, Mercedes 300 SL, Osca, J.P. Wimille aus den 50er Jahren und weitere Fahrzeuge aus den 60er und 70er Jahren.
Am 1. Juli 1972 schenkte Henri Malartre diese großartige Sammlung der Stadt Lyon.
Nach einem Rundgang durch die Ausstellung ist eine Ruhepause und eine Stärkung in den Restaurants, die in wenigen Minuten zu erreichen sind, sicher vonnöten.
Rochetaillée liegt 11 km nördlich von Lyon an der N.733.

Musée de l'Automobile Française

F-52100 St. Dizier (Hte-Marne)
Telefon: (25) 054321

Öffnungszeiten:
Sommermonate täglich 14.00–18.00 Uhr,
Wintermonate sonntags 14.00–18.00 Uhr,
Parkplätze vorhanden

Citroen Normande, Type B2, Baujahr 1923 und Renault Berline, Type NN, Baujahr 1923.

Delaunay Belleville, 6-Zyl., Baujahr 1908.

Der moderne, helle Museumsbau läßt auf 2000 qm 120 französische Autos Revue passieren. Der bunte Reigen dieser Sammlung umfaßt Fahrzeuge von 1896 bis zu den bekannten der 70er Jahre.
Besonders erwähnenswert ist der Scarab, jenes eigenwillige Heckmotor-Auto, welches höchstens noch mit einem Tatra zu vergleichen wäre. Von dem Flugzeugingenieur William Stout entworfen, begeisterte es durch die Stromlinienform seine Zeitgenossen. General Dwight D. Eisenhower ließ sich den Scarab mit einem Konferenztisch ausrüsten, und dieser diente ihm dann in Nordafrika als mobiles Einsatzkommando. Als ein Geschenk des Generals an den Präsidenten Charles de Gaulle kam dieses Gefährt nach Frankreich, wo es in den Nachkriegswirren seine Degradierung erlebte. Der Karosserie-Designer Philippe Charbonneau fand den Scarab (Mistkäfer) auf einem Komposthaufen, und nach unzähligen Restaurierungsstunden ist er jetzt die Attraktion des Museums. Von den 20 gebauten Fahrzeugen mit diesem Namen ist dies das einzige in Europa befindliche Exemplar.
Das Museum befindet sich in Viliers-en-Lieu, nordwestlich von St. Dizier und 100 km westlich von Nancy.

Musée d'Automobiles du Forez

F-42 Sury-le-Comtal
Telefon: 535142

Öffnungszeiten:
Sonn- und Feiertage 10.00–12.00 Uhr und 14.30–19.00 Uhr,
August geschlossen
Parkplätze vorhanden

Fast 40 Jahre Automobil-Geschichte beherbergt dieses Museum und zeigt eine unerwartete Vielfalt von Fahrzeugen aus jenem Zeitraum. In einer hellen, 1000 qm großen Halle sind ca. 50 Autos übersichtlich angeordnet, die eine Sphäre jener Epochen verbreiten, die wegweisend für die heutige Automobilproduktion waren.

Vom ältesten Auto dieser Sammlung, einem Gladiator von 1902, über Motobloc 30 CV von 1907, Minerva 1907, Panhard & Levassor 1910, Delauny Belleville 1914, Bugatti Typ 23 von 1922, Mase-Sportwagen 1923, Monotrace (eine Kreuzung zwischen Motorrad und Auto) von 1923 bis zum Rally Typ R 15 von 1935, Voisin C 23 von 1932 usw. birgt diese Ausstellung eine reichhaltige Auswahl jener Fahrzeuge, die damals die Straßen belebten.
Natürlich fehlen auch die Vertreter anderer berühmter Namen wie Rolls-Royce, Hispano-Suiza, Hotchkiss, Talbot, Mercedes-Benz und BMW nicht.
Sury-le-Comtal liegt 20 km nordwestlich von St. Etienne an der D 105.

Museon di Rodo

3bis, route de Nîmes
F-30700 Uzès
Telefon: (66) 222942

Öffnungszeiten:
Palmsonntag bis Allerheiligen täglich 10.00–12.00 Uhr und 15.00–19.00 Uhr, Dienstag geschlossen.
Wintermonate an Sonn- und Feiertagen 14.00–19.00 Uhr
Keine Parkmöglichkeiten

Renault-Limousine, Baujahr 1907.

Unweit der historischen Stadt Avignon liegt Uzès mit seinem »Museum der Räder«. Die 1960 eröffnete Ausstellung umfaßt 40 Fahrzeuge auf 2 Etagen. Besonderes Augenmerk verdienen einige hervorragend restaurierte Vertreter einheimischen Automobilbaus: Ein Peugeot Doppelphaeton von 1897, ein Georges Richard 1898 und ein Clément aus dem gleichen Jahr mit De Dion-Motor. Es sind die ältesten Fahrzeuge dieser Sammlung.
Nur zwei Jahre jünger ist der De Dion-Bouton G, und zusammen mit Le Métair 1904, Alcyon 1907, Renault 14/22 von 1907, Minerva 1912 und Bugatti Typ 13 von 1912 gehört er zur Garde der Vorläufer unserer Motorisierung.
Amilcar CGS, Bentley 4,5-Liter, Bugatti 57, Darmont-Morgan und Voisin sind Fahrzeuge der 20er und 30er Jahre und beschließen die Oldtimer-Aera.
Eine Gleisanlage mit diversen Lokomotiven und Waggons findet sicher großen Beifall bei den Eisenbahn-Freunden.
Gasthäuser befinden sich in unmittelbarer Nähe.
Uzès liegt 40 km westlich von Avignon an der N. 579.

Musée d'Automobiles M. Berliet

Renault Véhicules Industriels
Route d'Heyrieux
F-69636 Vénissieux
Telefon: (7) 724511

Öffnungszeiten:
während der üblichen Geschäftszeit

Berliet, Typ AI 10, gebaut 1911.

Berliet, Typ CBA, gebaut 1914.

Marius Berliet gehört zu den Autopionieren Frankreichs. Ab 1895 baute er zunächst leichte Wagen, und 1901 übernahm er die Firma Audibert-Lavirotte, während Sunbeam in England die Berliet-Linie verfolgte. Fünf Jahre später begann die American Locomotive Company, Berliet-Autos unter dem Namen Alco in Lizenz herzustellen. Seitdem erschien auf dem Berliet-Kühleremblem die Frontansicht einer Wildwest-Lokomotive. Nach dem 2. Weltkrieg wurde der Personenwagenbau nicht wieder aufgenommen, aber die umfangreiche Produktion von Nutzfahrzeugen lief weiter. Schließlich übernahm Berliet auch das Unternehmen Rochet-Schneider und kündigte 1964 eine Zusammenarbeit mit der britischen Firma Alvis an. Aber 1967 kam Berliet in den Besitz von Citroen und ging zwölf Jahre danach im Zuge der Fusion mit Saviem in den Staatsbetrieb Renault (RVI = Renault Véhicules Industriels) über.

Neben den ersten Fahrzeugen mit liegendem Einzylindermotor erschien 1897 ein Zweizylinder und 1901 der

Typ B mit vier Zylindern. Dem Trend der Zeit folgend wurden bald große Wagen mit 8,6-Liter-Triebwerk hergestellt und ab 1909 auch Lastwagen.
In dem Museum befinden sich Beispiele jener Epoche, und mit insgesamt rund 40 Fahrzeugen aller Gattungen wird die Entwicklung bis zum Jahr 1939 demonstriert. Die Typen C.1 und C.2 (1908), A, A.I.9, A.I.10, A.K.4 und B.D. (alle von 1911) lassen die Variationen der Aufbauten sowie den tiefen Schwerpunkt der Wagen deutlich werden, der für Berliet charakteristisch war und bei den Typen A.M.2 (1912), V.B. (1920) und V.F. (1921) gleichfalls vorhanden ist. Bei den späteren Wagen ahnt man auch etwas von der Solidität, die im Zusammenhang mit den Berliets zum Begriff wurde. Als Beweis dafür sind die Typen VRC 12, VIG, VIGB und VIHB zu nennen. Auch die Modelle der 30er Jahre besitzen ihre eigene Note, unterschieden sich äußerlich von anderen Fabrikaten aber kaum noch durch typische Merkmale oder Besonderheiten.
Die umfangreiche Palette der Nutzfahrzeuge, die vom leichten LKW mit Vollgummireifen über Omnibusse, Feuerwehren und Expeditionsfahrzeuge bis zum Schwersttransporter reicht, läßt sich hier ebenso in Augenschein nehmen.
Vénissieux ist ein Vorort im Süden von Lyon.

The National Motor Museum

John Montagu Building
GB-Beaulieu, Hampshire SO 4 7 ZN
Telefon (05 90) 61 23 45

Öffnungszeiten:
Ostern – Sept. tägl. 10.00–18.00 Uhr,
Okt. – Ostern tägl. 10.00–17.00 Uhr,
Weihnachten geschlossen
Parkplätze vorhanden

Bentley, 4,5 Liter mit Kompressor, gebaut 1930.

Thames, Aussichtsbus von 1913.

Im Andenken an seinen Vater, einer der ersten Pioniere der Motorisierung in England, gründete Lord Montagu 1952 das Montagu Motor Museum. Schon damals zählte man über 100 Fahrzeuge, inzwischen hat sich die Zahl verdoppelt. Eine umfassende Sammlung von Büchern, Manuskripten und Fotografien wurde 1960 diesem Museum angegliedert, so daß die Möglichkeit zu einem intensiven Studium der Geschichte um die Motortechnik gewährleistet ist.

Mit der Gründung des National Motor Museum Trust 1970 stellte Lord Montagu die Autos und seine Büchersammlung, die damals schon einen Wert von £ 500 000 besaßen, der Gesellschaft zur Verfügung. 1972 öffnete das National Motor Museum seine Tore.

Das neue, moderne Gebäude hat eine Ausstellungsfläche von über 2000 qm und enthält sieben Hauptabteilungen. Gleich am Eingang in der Alcan Hall präsentieren sich historische Berühmtheiten. Hier steht der Rolls-Royce Silver Ghost von 1909, »das beste Auto der Welt«. Mit diesem Modell kreierte die Firma jenen bekannten Slogan. Die Halle ist besonders den Pionieren der Automobilisierung Karl Benz,

Gottlieb Daimler, René Panhard und Emile Levassor, Sir Alec Issigonis, Charles Steward Rolls, Frederick Henry Royce und Walter Owen Bentley, Henry Ford, William Richard Morris und André Citroën gewidmet. Im Anschluß daran, geteilt durch den Mittelgang, befindet sich das Gelände der Rekordwagen, die wohl interessanteste Abteilung für viele Rennsport-Enthusiasten. Mit den Sunbeam (350 PS, 12-Zylinder, 18 322 ccm) von 1920, Sunbeam (1000 PS, zweimal 12-Zylinder, 44 888 ccm und 4 obenliegende Nockenwellen) von 1927, dem Golden Arrow (12-Zylinder, 23 970 ccm) von 1929 und mit dem Bluebird Turbinenwagen von D. Campbell von 1961 wurden Geschwindigkeiten erreicht, die in die Liste der Weltrekorde eingingen.
Ein breiter Raum ist für die Sport- und Rennwagen eingerichtet, die mit mehr als 40 Fahrzeugen, überwiegend englischen Fabrikats, einen tiefen Blick in die Rennsport-Ära zuläßt.
Rechts und links vom Eingang sind die Veteran Cars (Autos bis 1919) und die Vintage Cars (von 1919 bis 1930) in je einer besonderen Abteilung untergebracht. Ihre Anwesenheit gibt dieser Sammlung eine wirklich museale Atmosphäre.
Auch einige Militär- und Nutzfahrzeuge haben hier ihre Bleibe gefunden und reihen sich in die Kette der Besonderheiten ein.
Auf der Graham Walker Gallerie sind ca. 70 Motorräder postiert, die in der Mehrzahl der englischen Produktion entstammen: Eine Augenweide für Zweirad-Interessierte.
Durch ein besonderes Fenster kann der Besucher einen Blick in die Werkstatt dieses Museums werfen und fleißige Hände bei den Restaurierungsarbeiten beobachten.
Eine Modell-Eisenbahn mit einer Vielzahl von Zügen und mehreren Kilometern Schienen, naturgetreu aufgebaut, hat für Eisenbahn-Freunde sicher einen besonderen Reiz.
Eine Fahrt mit der Einschienenhochbahn, mit einem Bus von 1912 oder gar mit dem Schiff wird hier auf dem 6 500 qm großen Gesamt-Areal möglich.
Selbstverständlich ist auch für das leibliche Wohl gesorgt.
Beaulieu liegt 140 km südwestlich von London und 20 km von Southampton entfernt.

The Shuttleworth Collection

Old Warden Aerodrome
GB-NR. Biggleswade, Bedshire
Telefon (076727)288

Öffnungszeiten:
täglich 10.00–17.00 Uhr,
in der Weihnachtswoche geschlossen
Parkplätze vorhanden

Richard Brasier, Tonneau von 1903.

Dieses Museum ist eigentlich den Flugzeugen gewidmet und es ist daher nicht verwunderlich, daß auch ein Flugzeug-Hangar die Unterkunft für 40 Veteranen-Fahrzeuge bietet. 1963 war die Eröffnung, rund 400 qm Ausstellungsfläche sind für die Automobile von 1899 bis 1912 reserviert.
Ein Panhard-Levassor, den König Edward VII für eine Fahrt nach Ascot benutzte, ein Dietrich Rennwagen, der 1903 in Brooklands eine Geschwindigkeit von 60 Meilen erreichte, ein Stanley Dampfwagen von 1901, eine Merryweather Dampf-Feuerwehr von 1906 oder ein Triumph Motorrad 550 ccm von 1923 sind einige der Ausstellungsstücke.
Flugzeuge aus dem 1. und 2. Weltkrieg und andere von 1909 bis 1959, Flugzeugmotoren und Pilotenkleidung jener Zeit prägen dieses Aerodrome und finden sicher viel Anklang bei den Flugzeug-Freunden.
Am letzten Sonntag der Monate April bis Oktober sieht man Flugzeuge, Autos und Feuerwehren in Aktion.
Auch ein Restaurant und eine Snack-Bar erwartet Sie hier.
Das Old Warden Aerodrome liegt 60 km nördlich von London an der A 1. Gute Beschilderung.

Midland Motor Museum

Midland Motor Museum
and Bird Garden
Stourbridge Road
GB-Bridgnorth, Shropshire
Telefon 61761

Öffnungszeiten:
täglich 10.00–18.00 Uhr,
in den Wintermonaten bis Einbruch der Dunkelheit

Als der Plan zu diesem Museum reifte, war man sich einig, daß hier eine Stätte für die ganze Familie geschaffen werden soll. Ein geräumiges Landhaus inmitten eines großen Vogelgartens ist das Asyl von ca. 70 Sport- und Rennsport-Fahrzeugen, zu dem 400 seltene Vogelarten das Pendent bilden.
Bei der Auswahl der Automobile ist es nicht verwunderlich, daß die meisten von ihnen noch an Rennen oder Sportveranstaltungen teilnehmen und so dem Museum eine lebendige Atmosphäre verleihen. Schon beim Klang dieser Namen wie Alton Jaguar 3,8 Liter von 1958, Aston Martin DB 3S von 1955, Bugatti Typ 43 von 1927, Ferrari 250 LM von 1964, Ford GT 40 von 1965, Frazer Nash BMW 328 von 1939, Healey »Silverstone« von 1950, Hispano-Suiza V12 9,5 Liter von 1931, Jaguar C-Typ von 1953, Lotus von 1962, Mercedes-Benz 7,1 Liter von 1929, Napier-Railton 24 Liter von 1933, Porsche 917K von 1970 und Talbot Lago GP von 1951 spürt man Klasse und Temperament dieser Fahrzeuge.
Motorräder aus fünf Jahrzehnten, u.a. A.J.S., Ariel, BMW, MZ, Douglas, Honda, Ducati, McEvoy, Morgan, MV Agusta, Norton, NSU usw., erweitern den Informationskreis der Rennsport-Geschichte.
Ein Tee-Raum und eine Tee-Terrasse laden zum Verweilen ein.
Bridgnorth liegt westlich von Birmingham an der A 442.

The Donington Collection

Donington Park Racing Ltd.
Castle Donington
GB-Derby DE7 5RP
Telefon: Derby (0332) 810048

Öffnungszeiten:
täglich 10.00–18.00 Uhr
außer Weihnachten und Neujahr
Parkmöglichkeiten vorhanden

Alfa Romeo P 3.

Donington Park, die erste Rennstrekke Englands, hat einen besonderen Platz in der britischen Racing-Geschichte. Von 1931 bis 1939 war sie das Mekka für viele Rennsport-Enthusiasten. Berühmte Fahrer namens Tazio Nuvolari, Rudolf Caracciola, Bernd Rosemeyer, Manfred von Brauchitsch, Dick Seaman und Hans Ruesch drehten hier ihre Runden und sorgten für einen spannenden Rennablauf.

Als Tom Wheatcroft 1971 diese Rennstrecke erwarb, war er bereits im Besitz einer beachtlichen Sammlung von GP-Wagen, die er dem Publikum nicht vorenthalten wollte. In fünf miteinander verbundenen Hallen verbreiten seine Monoposto-Rennwagen eine Atmosphäre, wie sie über mehrere Jahrzehnte hinweg auf den Rennpisten herrschte.

Mit solchen GP-Wagen wie Sunbeam 1921, Delage 1927, Bugatti 51 von 1931, Alfa Romeo B 1934, Maserati 8CM 1934, Frazer Nash 1935, Austin 1936 und Mercedes-Benz W 154/163 von 1939 wird die Ära vor dem 2. Weltkrieg vergegenwärtigt.

Zwei Jahre danach erschien der Bugatti Typ 73C, der jedoch nie eingesetzt wurde, und Alta, Cisitalia, Osca, Ferrari, Cooper, Connaught, Offenhauser, Vanwall, Lotus, BRM, Porsche, Maserati, Brabham, Cosworth und McLaren sind die Namen einiger Boliden, die der Sammlung den Wert einer Retrospektive von 1921 bis in die heutige Zeit verleihen.

Seit 1977 werden auf der 2-Meilen-Rennstrecke wieder Auto- und Motorradrennen veranstaltet.

Auf ca. 3300 qm Ausstellungsfläche ist diesem Museum die BL Heritage

Maserati 250 F.

Collection angeschlossen. Mit 140 Exemplaren zeigt sie den Freunden konventioneller Fahrzeuge einen umfassenden Blick in die englische Automobil-Geschichte. So beherbergt die Sammlung mit den Marken Albion, Alvis, Austin, Bean, Daimler, Guy, Jaguar, Lanchester, Leyland, MG, Morris, Riley, Rover, Standard, Triumph, Thornycroft und Wolseley eine Auswahl von Autos, deren Produktion auf der britischen Insel vorgenommen wurde.

Zweiräder, Lokomotiven und Dampfmaschinen sind ein weiterer Beitrag und geben diesem Museum einen vielseitigen und abwechslungsreichen Charakter.

Für Pausen zwischendurch bietet sich ein Restaurant auf dem Gelände an.

Donington Park liegt an der A 453, 8 Meilen südöstlich von Derby.

History on wheels

T.L.O. Film Service
Longclose House
Little Common
GB-Eton Wick, nr. Windsor Berkshire
Telefon: Windsor 62637

Öffnungszeiten:
vorerst nur nach Vereinbarung
Parkmöglichkeit vorhanden

Wie der Name »Geschichte auf Rädern« schon sagt, liegt der Schwerpunkt dieses Museums nicht in der Schönheit, sondern in der Historie der Automobile. 20 Jahre Sammlerleidenschaft brachten Militär-Fahrzeuge aus aller Welt von 1900 bis 1950 zusammen. Viele von ihnen waren an Geschehen beteiligt, die Geschichte machten und die Geschicke einiger Länder wesentlich beeinflußten. Motorräder, Jeeps, Kommandowagen, Kettenkräder, Halbketten- und Lastwagen vieler Nationen stehen hier friedlich nebeneinander.

Einige zivile Automobile wie Ford, Tatra, Mercedes, Citroen, Wanderer, Donnet Zedel, VW usw. sind eine willkommene Abwechslung in der grauen Welt der Militär-Fahrzeuge.

Über 100 Exemplare stehen dieser Sammlung zur Verfügung, die jedoch wegen Platzmangel nicht alle gezeigt werden können. Daher findet öfters ein Austausch einiger Stücke statt. Nach Fertigstellung einer zweiten Halle wird das Museum auch breiteren Publikumskreisen zugänglich sein. Eton Wick liegt ca. 20 km westlich von London an der Landesstraße 4.

The Science Museum

Exhibition Road
GB-London SW 7, South Kensington
Telefon: 01/5896371

Öffnungszeiten:
Montag bis Freitag 10.00–18.00 Uhr,
Sonntag 14.30–18.00 Uhr

Bei einem London-Aufenthalt sollte man nicht versäumen, einen Besuch dieses Museums in den Terminkalender einzutragen. Der große Informationsbereich auf dem Gebiet der Wissenschaft und Technik vermittelt einen umfassenden Einblick in deren Entwicklung und Forschung.
Mit über 50 Automobilen beherbergt die Transport-Abteilung eine respektable Sammlung. Diagramme des de Rivas 1807 und des Lenoir-Automobils 1862 veranschaulichen die ersten, noch ungelenken Schritte – gemessen an dem heutigen Stand der Technik – auf dem Gebiet der Motorisierung.
Jahrelanges Forschen und Mühen wurde schließlich mit dem Benz 1885 belohnt, womit ein neuer Abschnitt begann. Fahrzeuge aus den frühen Anfängen bis in unsere Zeit machen den Werdegang der Automobilisierung deutlich. Unter ihnen ein deutscher Daimler 1895, Lanchester 1897, Simms 1898, Daimler »Kimberley« 1901, Wolseley 1903, Rolls-Royce 1908, Perry 1914, Napier 1921, Unic 1922, Daimler 1933 usw.
Ein Großteil dieser Sammlung sind Produkte der britischen Industrie. Der älteste Rolls-Royce, ein Zweizylinder von 1904 und einer der ersten »Silver Ghost«, sowie ein Austin Seven Prototyp von 1922 und das erste Turbinenauto, ein Rover JET 1 von 1954, waren Schrittmacher jeweils neuer Auto-Generationen dieses Landes.
Recht informationsreich sind die hier ausgestellten Fahrgestelle aus mehreren Jahrzehnten, bieten sie doch einen Blick in das Wesen ihrer Konstruktionsprinzipien.
Die Höhepunkte ihrer Zeit demonstrieren einige Rennwagen und einer der »Bluebird« Rekordwagen.
Für Zweirad-Freunde wird sicher das Velocipedraisiavaporianna von 1818 – die erste Idee zu einem Motorrad – recht aufschlußreich sein.
Das Museum befindet sich südlich des Hyde Parks, zwischen Kensington Road und Cromwell Road.

Stratford Motor Museum Ltd

One Shakespeare Street
GB-Stratford-upon-Avon
Warwickshire
Telefon: 69413

Öffnungszeiten:
täglich 10.00–18.00 Uhr
Parkplätze vorhanden

Der Geburts- und Sterbeort von William Shakespeare war von je her schon ein Anziehungspunkt seiner Verehrer. Viele Touristen besuchen alljährlich dieses Städtchen, welches 1974 um eine weitere Sehenswürdigkeit bereichert wurde. Eine alte Schule und die daneben liegende Kirche ist für 28 Automobile, die Eleganz und Exklusivität ausstrahlen, zum Domizil geworden.

Der Phantom I 1OEX gab den Auftakt zu einer Sammlung von Exoten, die die »Goldenen Jahre der Motorisierung« verkörpern. Wie so manches Fahrzeug dieser Sammlung hat auch jener Wagen eine verwegene Vergangenheit. Einst das Fahrzeug des Premierministers von Haiderabad, beförderte es viele Staatsoberhäupter. Die auf Hochglanz polierte Aluminiumkarosserie war das weithin sichtbare Zeichen seiner Herkunft.

Auch der RR Phantom II hatte seine Hohezeit in Indien. Der Maharadscha von Rajkot erwarb ihn 1934, nachdem ihm ein »Silver Ghost« über 20 Jahre lang treue Dienste geleistet hatte. Fenster und Türen tragen noch heute das Wappen des Maharadschas. Als Hochzeitsgeschenk für den Sohn des Maharadschas von Alwar wurde der Hispano-Suiza H 6B konstruiert. Mit einem verkürzten Chassis diente er ihm bei der Pantherjagd.

Bentley, Bugatti, Delahaye, Riley, Lagonda V12 und Aston Martin sind weitere Stücke dieser an Noblesse reichhaltigen Sammlung.

Kühlerfiguren, Bilder und Embleme hoher, bekannter Persönlichkeiten passen sich gut dem Bild dieser Kollektion an.

Stratford-upon-Avon liegt 39 km nordöstlich von Cheltenham und ca. 20 km südwestlich von Coventry.

Totnes Motor Museum

Steamer Quai
GB-Totnes – Devon TQ9 5AL

Öffnungszeiten:
Ostern – Okt. tägl. 10.00–17.30 Uhr
Parkplätze vorhanden

BNC »St. Hubert«, Baujahr 1929.

Alfa Romeo 1750 Gran Sport, Baujahr 1931.

Bereits seit 1970 besteht dieses Museum und ist für Freunde nostalgischer Sport- und Rennwagen ein bekannter Anziehungspunkt. Der einsitzige Talbot Lago 4½-Liter, sowie der Alfa Romeo TZ 2 und der Frazer-Nash Sebring nehmen auch heute noch regelmäßig an Rennen teil, wie sie in England häufig veranstaltet werden und beim Publikum einen hohen Beliebtheitsgrad erreichen. Aber auch ein Alfa Romeo 1750 Gran Sport, ein B.N.C. St. Hubert, ein Aston Martin DS 35 oder ein Jaguar XK 120 können sich noch nicht auf ihren Lorbeeren ausruhen. Durch Rolls-Royce 20/25, Talbot Lago Record, Voisin C 3, Riley Lynx Sprite und Bentley R-Type sind die Classic-Cars vertreten. Der H.R.G. Aerodynamic und ein Amphicar sind Objekte, die sich durch technische Besonderheiten auszeichnen.

Die in einem sehr alten, steinernen Lagerhaus untergebrachten 25 Fahrzeuge zeigen sich immer wieder bei historischen Veranstaltungen, und sie beweisen dabei ihre volle Einsatzbereitschaft.

Totnes liegt im Südwesten von England und nur wenige Meilen nördlich von Plymouth.

Verkehrsmuseum

Közlekedési Museum
Városligeti körút 11
H-XIV Budapest
Telefon: 420-365

Öffnungszeiten:
täglich 10.00–18.00 Uhr,
montags geschlossen
Parkplätze vorhanden

Magotax Taxi, gebaut 1928.

Erster Einspritz-Vergaser der Welt, Donát Banki und János Csruka, 1893.

Das durch den 2. Weltkrieg verwüstete, 1896 gegründete Museum konnte 1966 wieder eröffnet werden. Es ist das größte technische Museum in Ungarn und beherbergt auf einer Ausstellungsfläche von 3000 qm Exponate sämtlicher Verkehrszweige.
Wegen Platzmangel zeigt die Kraftfahrzeug-Abteilung nur einen Teil ihres Bestandes von 18 Personenwagen und 24 Motorrädern.
Die damalige ungarische Automobil-Produktion kam nie in den Genuß internationaler Berühmtheit, doch oblag ihr eine gewisse Eigenständigkeit. Wegen ihrer Zuverlässigkeit waren Magomobile, die von 1912 bis 1934 gebaut wurden, besonders als Taxi beliebt.
János Csonka entwickelte in Zusammenarbeit mit Donát Bánki den ersten Spritzvergaser der Welt, der am 11. Februar 1893 patentiert wurde.
Ein Postsammelwagen, 4-Zylinder von 1908 und ein zweisitziger Einzylinder-Personenwagen sind ebenfalls Produkte von János Csonka.
Neben Straßenbahnen, Lokomotiven und Omnibussen ist auch das erste fabrikmäßig hergestellte ungarische Flugzeug zu sehen, welches 1914 einen Höhenweltrekord (6170 m) erreichte.
Neben dem Museum, in stimmungsvoller Umgebung, bietet ein als Espresso eingerichteter Speisewagen des ehemaligen Orient-Express Erfrischungen und Erholung.

Museo Storico Alfa Romeo

I-Arese
Telefon: 93391/2120–2303

Öffnungszeiten:
nach telefonischer Vereinbarung
Montag bis Freitag 10.00–13.00 und 14.30–17.00 Uhr

Alfa Romeo, 8 C 2900 B Lungo, Baujahr 1938.

Der 18. Dezember 1976 war der Tag der offiziellen Eröffnung des historischen Alfa Romeo-Museums. In einem modernen Gebäude sind 75 Automobile ausgestellt und zeigen einen hervorragenden Auszug der Produktion dieses Mailänder Unternehmens.
Der erste hier gebaute Typ, ein A.L.F.A., 24 HP von 1910, führt die Armada der beliebten und begehrten Fahrzeuge an. Ihm folgen Personen-, Sport- und Rennwagen aus sieben Jahrzehnten, die eine Aura der Exklusivität und sportlichen Wettkämpfe verbreiten.
Der Name Alfa Romeo hatte seit seinem Auftreten auf Rennpisten einen gefürchteten Klang, und in Vitrinen untergebrachte Trophäen zeugen von den Siegen und Meisterschaften.
Motoren, Modelle von Flugzeugen und Lokomotiven, aber auch in modernen Kugelständern untergebrachte Modell-Autos geben einen vollkommenen Abriß der Erfindungs- und Leistungskraft des Unternehmens. Die mit außerordentlicher Perfektion hergerichteten Originalwagen wie auch die Replikas stellen jedoch eine kaum zu überbietende Augenweide dar.
Arese liegt 15 km nordwestlich von Mailand.

Museum für Wissenschaft und Technik

Museo Nazionale della Scienza e della Tecnica »Leonardo da Vinci«
Via San Vittore, 21
I-20100 Milano
Telefon 487034 – 464069 – 462709

Öffnungszeiten:
täglich 9.30–12.00 Uhr und 14.00–17.30 Uhr
Parkplätze vorhanden

Das Museum befindet sich in einem Teil des Klosters der Olivetaner, neben der Basilika von San Vittore und inmitten der Kunstdenkmäler Mailands. Sein überaus großes Angebot an technisch-wissenschaftlichen Objekten macht einen Besuch lohnend.

Die Fahrzeug-Abteilung weist zwar nur wenige Exponate auf, jedoch anhand von gut ausgeführten Modellen läßt sich der Werdegang der Automobilgeschichte verfolgen.

Beginnend mit dem Dreirad von Verbiest 1685, das sich nur fortbewegte, indem aus einem Kessel der auf ein Schaufelrad gerichtete Dampfstrahl ein Räderwerk antrieb, über den Cugnot-Dampfwagen bis zu dem ersten Fahrzeug mit einem gebrauchsfähigen Explosionsmotor von De Rivaz 1804 sind die frühesten Kraftwagen dargestellt.

Mit einem Modell des Lanza von 1895, der ersten Automobilmarke Italiens, und einem nach Professor Enrico de Bernardi benannten Dreirad von 1893 ist schon bald der Anschluß an bekanntere Namen wie Bianchi, Fiat und Alfa Romeo gemacht, die als Originalfahrzeuge zur Verfügung stehen.

Eine kleine Bar und ein Restaurant befinden sich innerhalb des Museums.

Die Via San Vittore ist in der Nähe des Nordbahnhofs (Stazione Nord) gelegen.

Fiat-Museum

Centro Storico Fiat
Via Chiabrera 20
I-10126 Torino
Telefon: 670474

Öffnungszeiten:
werktags 9.00–12.30 und 14.30–17.30 Uhr
wenige Parkplätze

Genau dort, wo sich einst die Fiat-Fabrik niedergelassen hatte, steht dieses Museum. Es ist das Spiegelbild der Fiat-Geschichte von der Gründung im Jahre 1899 bis in unsere Tage.

In einer großen Halle im Erdgeschoß stellen knapp ein halbes Hundert Fahrzeuge eine Dokumentation des regen Wirkens dieses Unternehmens dar.

Der »Duc« vis-à-vis von 1899 – das erste Fahrzeug, welches in der Werkstatt am Corso Dante gebaut wurde –, ein Tonneau 16/20 HP von 1903, der Torpedo »Zero« (erster auf einem Fließband gebauter Fiat-Personenwagen), das Rekord-Auto »Mephisto« von 1924, der Torpedo 507 von 1926, ein Landaulet von 1912, das 510 Coupé de ville 1919/25, der Rekordwagen Fiat Abarth 750 mit der Karosserie von Bertone von 1957 und ein Holzmodell des 600 von 1957 sind nur einige der Kostbarkeiten dieser Sammlung. Von den ab 1966 erschienenen Typen ist je ein Exemplar aus der Serienfertigung vorhanden.

In den Seitenräumen sind Vitrinen mit Fahrzeugmodellen aufgestellt, und in einem Schaukasten kann man die roten Rennwagen der ersten Jahre dieses Jahrhunderts bewundern.

An der Wand angebrachte Portraits von Rennfahrern der Fiat-Equipe aus den Jahren 1900 bis 1927 mit zahlreichen Siegespreisen und Trophäen zeugen vom Erfolg dieser Marke auf dem sportlichen Sektor.

Auf der Galerie sind einige der wichtigsten Motoren, die für Fiat-Automobile von den Anfangsjahren bis 1960 konstruiert wurden, aufgebaut.
Mit Motoren für die Schiff- und Luftfahrt zeigt diese Etage einen Blick in das Innere des jeweiligen Objektes. Zahlreiche Modelle ergänzen diese Sammlung.
Ein besonderer Anziehungspunkt ist die Fahrzeug-Modellsammlung. Über 300 Exemplare von Personenwagen, Lastwagen, Omnibussen, Militärfahrzeugen, Schleppern, Eisenbahnen, Straßenbahnen usw. lassen die Vielfalt der Produktion erkennen.
Die Bibliothek mit mehr als 10000 Veröffentlichungen und ein Archiv mit ca. 100000 Fotos stehen jedem ernsthaft Interessierten zur Verfügung.

Lancia-Museum

Fiat Auto S.p.A. Lancia
Pubbliche Relazioni
Via Vincenzo Lanica
I-10141 Torino
Telefon: 33311

Öffnungszeiten:
Montag bis Freitag 9.00–12.00 Uhr und 15.00–17.00 Uhr
Keine Parkmöglichkeit

Lancia Astura.

Im ersten Stockwerk des Lancia-Gebäudes in der Via San Paolo 140 ist dieses Werks-Museum untergebracht. Es zeigt mit 20 Automobilen einen kleinen Ausschnitt der Lancia-Produktion von 1908 bis 1960.
Nachdem der königliche Notar Toretta im November 1906 die Gründungsurkunde der Gesellschaft Lancia und Cia. ausgestellt hatte, wurden einige Räume gepachtet, die als Werkstatt dienen sollten. Als 1907 der erste Lancia das »Werk« zu einer Probefahrt verlassen sollte, mußte erst das Tor des winzig kleinen Betriebs vergrößert werden, und mit Spitzhacken wurden die Seitenpfeiler beseitigt. Nach einigen Änderungen und Verbesserungen dieser Erstausführung konnte schon bald mit dem Organisieren des Verkaufs begonnen werden. Zur Bezeichnung der Typen dienen bis heute einzelne Buchstaben des griechischen Alphabets.
Für Vincenzo Lancia, einst selbst Rennfahrer bei Fiat, war das Kapitel »Rennsport« mit dem Beginn seines Unternehmens abgeschlossen. Auch gute Plazierungen oder gar Siege von privaten Lanica-Fahrern konnten ihn von diesem Entschluß nicht abbringen. Erst 1951 gab Gianni Lancia, der Sohn von Vincenzo, dem Drängen seiner sportbegeisterten Kunden nach und ließ wieder Wettbewerbswagen bauen. Dieser Entschluß war der Auftakt zu einer für die Marke äußerst erfolgreichen Epoche im Sport.

Museo dell'Automobile Carlo Biscaretti di Ruffia

Corso Unità d'Italia, 40
I-10126 Torino
Telefon: 677666/7/8

Öffnungszeiten:
1. Apr. – 31. Okt. Dienstag bis Sonntag 9.30–12.30 Uhr und 15.00–19.00 Uhr,
1. Nov. – 31. März Mittwoch bis Sonntag 10.00–12.30 Uhr und 15.00–17.30 Uhr
Parkplätze vorhanden

Zwei Pioniere des Automobilwesens, Cesare Goria Gatti und Roberto Biscaretti di Ruffia, verfochten schon 1932 die Idee, in Turin ein Auto-Museum zu gründen. Mit dieser Aufgabe wurde Carlo Biscaretti di Ruffia betraut, und in vielen Jahren leidenschaftlichen Sammelns gelang es ihm, eine ansehnliche Zahl von Fahrzeugen, Veröffentlichungen und Urkunden zusammenzutragen. Doch es vergingen noch über 20 Jahre, bis mit dem Bau des Automobil-Museums begonnen werden konnte. Mit Unterstützung von Industrie, Banken, Körperschaften und Vereinigungen wurde das Gebäude nach einem Entwurf des Architekten Amedeo Albertini auf einer 14000 qm großen Fläche errichtet, wovon 10000 qm auf Ausstellungssäle entfallen.

Zur Zeit werden 160 Automobile ausgestellt. Einige von ihnen tragen längst vergessene Namen: Brixia-Züst, Ceirano, Chiribiri (Chassis), Demeester, Diatto (Chassis), Florentia, Hurtu, Legnano, Marchand, Minutoli-Millo, Monaco-Trossi, Nazzaro (Chassis), OM, Pope, Prinetti & Stucchi (ein Entwurf Ettore Bugattis), San Giusto (Chassis), Stae, Storero, Temperino, Trossi-Cattaneo, Victrix und Vinot & Deguingand.

Die einzelnen Abteilungen bewerkstelligen eine chronologisch übersichtliche Reihenfolge der Automobil-Geschichte. So sind im 1. Stockwerk die Wagen der Pionierzeit und eine Sammlung von Modellen zu besichtigen.

Im großen Saal, mit Blick auf die Turiner Hügel und den Po, präsentieren sich Kraftfahrzeuge von 1910 bis in unsere Tage, und Fiat Zero 1912, Rolls-Royce 1913, Lancia Theta 1914, Bugatti 1924, Hispano-Suiza 1935, Lancia 1948, Maserati 250F 1954 und Ferrari 156/FI 1963 sind nur einige Beispiele dieser sehenswerten Kollektion.

Die obere Etage beherbergt die Sport-Abteilung und eine Sammlung von Zweirädern.

Für die Wissensdurstigen sind in der technischen Abteilung im 2. Stock Motoren, Schnitte von Fahrgestellen und Schautafeln über Verbrennung und Zündung ausgestellt.

Fünf Bilder von Carlo Biscaretti, die er im Sommer 1959 kurz vor seinem Ableben zeichnete, und eine Anzahl von Reproduktionen aus der Automobil-Geschichte schmücken die Gänge des Museums.

Eine Bibliothek mit 6000 Büchern und ein Archiv mit 20000 Fotos ist diesem Museum angeschlossen.

Für kleine Ruhepausen und Erfrischungen bietet sich die Bar im Hause an.

Norsk Teknisk Museum

Frystikkalléen 1
N-Oslo 6
Telefon 675195

Öffnungszeiten:
Sonntag 10.00–17.00 Uhr,
Dienstag und Donnerstag 10.00–21.00 Uhr,
alle anderen Tage 10.00–16.00 Uhr
Parkplätze vorhanden

Benz Viktoria, 1895, und NSU Ro 80, 1969.

Minerva, gebaut 1913.

Das polytechnische Museum hat auf der Gesamtausstellungsfläche von 2800 qm knapp ein Zehntel für seine Automobile erübrigen können.
20 Fahrzeuge sind in Gruppen arrangiert und Illustrationen mit Text erläutern ihre Besonderheiten. Bemerkenswert und sehr aufschlußreich ist der Kontrast dieser Zusammenstellungen. Der Besucher entdeckt einen Benz Viktoria 1895 – das erste Auto in Norwegen – neben einem NSU Ro 80: »75 Jahre Automobil-Entwicklung«, und im Hintergrund sieht man das erste Auto König Haakon VII, einen Minerva GG von 1913, dessen Slogan lautete: »Der König der Autos und das Auto für Könige«, und einen Rolls-Royce »Silver Ghost«.
Mit einem Panhard Levassor Landaulet von 1911 und einem Maurer Union aus dem gleichen Jahr demonstriert man »Fahrzeuge für arm und reich«.
Eine weitere Gruppe mit dem Thema »Die Qual der Wahl« zeigt ein Locomobile (Dampfmotor), ein Oldsmobile (Verbrennungsmotor) und einen Lohner-Porsche (Elektromotor), alle von 1911. Illustrierte Wandtafeln vermitteln eine breite Übersicht über die Automobil-Geschichte.
Das Restaurant im Haus lädt zur Ruhepause und Stärkung ein.

Lips Autotron

Postbus 51
NL-5150 AB Drunen
Tel. 04163-3631

Öffnungszeiten:
14. April – 4. Nov. tägl. außer Montag
10.00–18.00 Uhr,
Juni, Juli und Aug. einschl. Montag
12.00–18.00 Uhr,
25. Dez., 31. Dez. und 1. Jan. geschlossen
Parkplätze vorhanden

Das 6500 qm große und aus mehreren Gebäuden bestehende, nach dem Modell eines alten Bauernhofs gebaute Museum gehört zu den schönsten Europas. Mit 230 Automobilen hundert verschiedener Marken zählt es auch zu den größten, und der Gesamtbestand beläuft sich sogar auf 450 Fahrzeuge. Der Mercedes, den Kaiser Wilhelm in Holland fuhr, gehört zu den berühmten Einzelstücken, und eine Sammlung von Dampfautomobilen sowie ein motorisiertes Einrad aus dem Jahr 1923 sind Raritäten.

Kostenlose Film- und Diavorführungen bereichern das Programm. Zusätzliche Veranstaltungen in den Sommermonaten machen eine Reise nach Drunen lohnenswert.
Eine einzigartige Kennzeichen-Sammlung schmückt das Café-Restaurant, wo für das leibliche Wohl bestens gesorgt wird. Der gepflegte Innenhof mit seinen Anlagen und Bänken lädt zu einer Verschnaufpause ein.
Drunen liegt westlich von s'Hertogenbosch und nördlich von Tilburg.

Twewieler Museum

Intercycle B.V.
Postbus 515
NL-8440 Heerenveen

Öffnungszeiten:
1. Mai bis 1. Oktober 14.00–17.00 Uhr
Parkplätze vorhanden

Bei einem Besuch der Niederlande kann man bald feststellen, welche Bedeutung hier dem Fahrrad beigemessen wird. Es ist ein beliebtes Fortbewegungsmittel der Holländer, und trotz Motorisierung hat sich diese Gewohnheit kaum geändert. Überall sieht man radelnde Personen, die zum alltäglichen Straßenbild gehören.

Das Twewieler Museum zeigt mit 200 Exemplaren den Werdegang des Fahrrads vom Laufrad bis zur modernsten Ausführung und hat viele interessante und auch kuriose Stücke anzubieten.

In dem 750 qm großen Ausstellungsgebäude haben auch 35 Automobile ihren Platz gefunden, die überwiegend der Klassifizierung »Veteran Cars« angehören. Mit einigen Motorrädern und zahlreichen Motoren bilden sie den Teil des Museums, der den technisch Interessierten anspricht.

Erwähnenswert sind noch einige Kutschen, die immer großen Anklang beim Publikum finden.

Heerenveen liegt im nordwestlichen Teil Hollands, südwestlich von Groningen.

Auto-Museum Heibloem

Kloosterboerderij Staatsen b.v.
aan de Heibloem 9
NL-6093 PE Heyhuysen
Telefon: 04749/5224

Öffnungszeiten:
Freitag 10.00–18.00 Uhr,
Samstag 10.00–17.00 Uhr
und nach Vereinbarung
Parkplätze vorhanden

Nur einen kleinen Sprung weit ins nachbarliche Holland hat sich dieses Museum niedergelassen. Ein Klostergut aus dem 19. Jahrhundert stellt seit 1979 in abwechselnder Zusammenstellung ca. 30 Fahrzeuge aus. Dabei wird besonderer Wert auf eine breite Fächerung gelegt, und so findet man hier Automobile aller Typen und Klassen.
Gelegentliche Modellauto-Ausstellungen bereichern das Programm. Sie sind für Freunde dieses Hobbys ein weiterer Anziehungspunkt.
Drei- bis viermal im Jahr werden Werke von Künstlern aller Art gezeigt und sprechen hiermit ein anderes Interessengebiet an.
Mit Modellen von Schiffen und Dampfmaschinen wird eine bunte Palette von Exponaten geboten.
In einem 800 Meter entfernten Restaurant kann man in Ruhe bei einem gemütlichen Schmaus die aufgenommenen Eindrücke nachwirken lassen.
Das Museum liegt südlich von Heibloem und 16 km nordwestlich von Roermond, nahe Roggel.

Het Nationaal Automobielmuseum

Veursestraatweg 280
NL-2264 Leidschendam
Telefon 070/275402 – 209353

Öffnungszeiten:
1. April – 31. Okt.
Montag bis Samstag 9.00–17.00 Uhr,
Sonntag 11.00–17.00 Uhr
Parkplätze vorhanden

Das aus einer Stiftung hervorgegangene Museum wird in nächster Zeit seine Tore in Leidschendam schließen und nach Raamsdonksveer übersiedeln. Eine größere Halle mit 6000 qm Ausstellungsfläche ist im Industriegebiet »Dombosch« am Rande des Natur- und Wassersportgebiets »Biesbosch« geplant. Dort werden sich über 200 Fahrzeuge aus fast allen automobilproduzierenden Ländern neben Motorrädern, Fahrrädern, Kutschen usw. präsentieren.

Das Gros dieser Kollektion sind Fahrzeuge bekannter und berühmter Namen: A.C., Austin, Benz, Bugatti, De Dion-Bouton, Dodge, Fiat, Ford, Graham-Paige, Mercedes, Panhard-Levassor, Peugeot, Porsche, Renault. Rolls-Royce und Spyker. Dagegen dürften Bambino, Beringer, Flandern, Franklin, Holsman, LSD, Marmon, Georges Roy und Tamplin selbst bei Museen mit einer Vielzahl von Exponaten wie hier eine Seltenheit sein.

Besonders erwähnenswert ist der Bikkers, ein Dampfwagen von 1905, der Faun, ein benzin-elektrisches Auto von 1924 und die Elektro-Droschke HEDAG aus dem Jahre 1905.

Leidschendam liegt in unmittelbarer Nähe östlich von Den Haag.

Rammsdonksveer befindet sich 32 km westlich von s'Hertogenbosch und nördlich von Breda. Die genaue Adresse und die Öffnungszeiten in Raamsdonksveer standen bei Drucklegung dieses Buches noch nicht fest.

Skokloster Motormuseum

S-19060 Balsta
Telefon: 018/386100

Öffnungszeiten:
täglich 11.00–17.00 Uhr
Parkplätze vorhanden

In einem romantischen und urlaubsgerechten Gebiet, umgeben von Wasser und Wald, liegt das Schloß Skokloster (Waldkloster). Das ehemalige Zisterzienser Nonnenkloster wurde bei der Reformation eingezogen und von Gustaf Adolf II an Feldmarschall Wrangel verschenkt.
Nur wenige Gehminuten entfernt befindet sich das Automuseum. In einem speziell hierfür errichteten Gebäude ist es zur Unterkunft für 50 Automobile und 30 Motorräder geworden. Fahrzeuge aller Typen und Klassen, selbst Feuerwehren und Lastwagen, sind in dieser Sammlung eingeschlossen. Mit Thulin, Saab, Scania-Vabis, Volvo und Tidaholm (Automobile) und FN-Nordstjernan, Husqvarna, Graheström, Rex, NV und Albin-Monark (Motorräder), unterstützt durch eine Anzahl Veröffentlichungen und Bücher, bekommt dieses Museum einen nationalen Charakter und zeigt Schwedens Pionierarbeit auf dem Sektor der Motorisierung.

Scania-Vabis, Baujahr 1912.

Ein Hotel und Restaurant lädt zum längeren Verweilen ein, und eine Besichtigung des Schlosses ist darüberhinaus empfehlenswert.
Skokloster liegt nördlich Stockholm und ist über die E 4, Richtung Märsta/Sigtuna zu erreichen.

Industriemuseet

Götaplatsen
S-41256 Göteborg
Telefon: 031/201030, 202530, 812001

Öffnungszeiten:
Montag bis Freitag 10.00–12.00 Uhr,
Sonntag 12.00–16.00 Uhr

Crossley, 4,5 Ltr., 1923.

Char-a-Banc, 1905.

Neben Kunstmuseum, Stadttheater und Konzerthaus ist im Stadtkern von Göteborg dieses kleine, doch recht originelle Museum beheimatet. Nur verhältnismäßig wenige Fahrzeuge spiegeln die ersten 30 Jahre Automobil-Geschichte wider.

Das älteste Stück dieser Sammlung ist ein Kriéger von 1898 mit zwei Elektromotoren an den Vorderrädern. Sein Aktionsradius beträgt 80 Kilometer bei gleichmäßiger Geschwindigkeit von 22 km/h. Ihm schließen sich NAG 1905, Rolls-Royce 1912, Scania-Vabis 1916, Crossley 1923, Ford T 1923, Volvo 1926 und 1929, Mercedes-Benz 1936 und ein durchsichtiger Saab »96« von 1929 an. Eine kleine, doch recht vielseitige Schau.

20 Motorräder, darunter eine 4-Zylinder Henderson und eine FN, bieten sicherlich auch dem Zweirad-Freund noch eine lohnende Entdeckungsreise.

Helsingholm Automotive

Muskötgatan 7 Berga
S-80212 Helsingborg
Telefon 042/155020 und 0431–10849

Öffnungszeiten:
Mai bis Sept. tägl. 13.00–18.00 Uhr
Parkplätze vorhanden

Seit 1973 zeigt dieses Museum nicht nur Automobile, sondern so ziemlich alles, was die Technik in den vergangenen Jahren hervorgebracht hat. Auf ca. 4000 qm werden Flugzeuge, Lokomotiven, Maschinen, Radios, Telefonapparate, Grammophone, Kameras vorgestellt. Jedoch mit 50 Automobilen und auch mit 50 Motorrädern bietet die Fahrzeug-Abteilung einen beachtlichen Beitrag zu dieser Ausstellung. So weit es möglich ist, stehen alle diese Objekte in einem eigens für sie hergerichteten »Milljöh« und man wähnt die Zeit um einige Jahre zurückgedreht.
Des öfteren werden Exponate ausgetauscht. Ein neues Bild oder gar ein neuer Zeitabschnitt sind dadurch geschaffen. So ist dies ein Museum eigener Art mit stets unterhaltsamer Note.

Die Cafeteria bietet Entspannung und läßt die Gegenwart wieder zurückkehren.

Allan Söderström Collection

Lars J. Söderström
Förenade Bil Import AB
Box 6005
S-20011 Malmö

Öffnungszeiten:
z.Zt. nur nach Vereinbarung
Parkplätze vorhanden

Diaz y Grillo, gebaut 1916.

Das von Allan Söderström, der 1978 verstarb, gegründete Museum umfaßt eine Reihe von Sportwagen, die an Exklusivität und Temperament kaum zu überbieten waren. Fahrzeuge berühmter Namen wie Alfa Romeo 6C Grand Sport 1931, Amilcar CGS 1925, Bentley 4,5 und 8 Liter, BMW 328 und 507, Bugatti Typ 13, 22 und 38 Sport, F.N. von 1925/26, Georges Irat, Hispano-Suiza 1912, Lorraine-Dietrich 1930, MG Montlhèry 1930 und TF 1953, Riley Brooklands und Riley Racer, Rolls-Royce Phantom I und Talbot Darracq 1937 reihen sich in eine Sammlung ein, die durch erstklassig restaurierte Wagen besticht.

Aber auch diverse Limousinen gehören dazu: Bentley Flying Spur 1958, BMW 502 von 1958, Bugatti Typ 46 und 57, Mercedes-Benz 320 und 300 sowie Morris Minor und die Veteranen Brush 1910, Darracq 1903, De Dion-Bouton 1907, Delage 1907, Diaz y Grillo 1916, Georges Richard 1901, Hupmobile 1911 und Sizaire-Naudin 1909 ziehen durch ihre Eleganz die Blicke auf sich.

Alle Wagen haben eins gemeinsam: Das sportliche Fluidum ihrer Zeit und die Eigenschaft, damals wie heute begehrt zu sein.

Svedinos Bilmuseum

Svedinos Bil- & Flygmuseum
Ugglarp
S-31050 Slöinge
Telefon 0346/43187

Öffnungszeiten:
Juni und August 11.00–16.00 Uhr,
Juli 10.00–19.00 Uhr
Parkplätze vorhanden

Ballerbilen, gebaut 1897.

In einer landschaftlich herrlichen Umgebung an der Westküste Schwedens wurde 1961 dieses Museum eröffnet. In 30 Jahren eifrigen Sammelns konnten 150 Automobile zusammengetragen werden, deren ältestes ein Bullerbilen von 1897 ist (s. Bild). Neben Fahrzeugen schwedischer Produktion, etwa Tidaholm, Thulin, Scania-Vabis und Volvo, sind solche amerikansicher Herkunft wie Ford, Buick, Dodge, Chevrolet, Lincoln, Oldsmobile, Pontiac, Cadillac, Packard, Chrysler und Plymouth die meist vertretenen in dieser Kollektion.

Recht selten dagegen sieht man woanders Gräf & Stift, Puch, Seneca, Anderson, Pierce-Arrow, Auburn, De Soto mit Jaray-Karosserie, Mercedes Heckmotor, Cord, Autobahn-Adler, Tatra 87, Haynes, Futurecar – Eigenbau in Form eines Zukunftswagens –, Bardahl »Special« von 1951 und einen Allard J2X Rennwagen 1952.

Lastwagen und Feuerwehren bilden die Abteilung Nutzfahrzeuge und haben sicher ihre besonderen Liebhaber.

Ein Trampcykel von 1860 führt in das kleine Reich der Zweiräder, die mit Colibri Motorcykel, Harley Davidson Clyno, Red Indian und Henderson vertreten sind.

Besonders sei auf das Flugmuseum hingewiesen, welches mit über 20 Objekten einen interessanten und informationsreichen Querschnitt durch die Luftfahrt-Geschichte bietet.

Das angeschlossene Café reicht während einer Ruhepause gerne einige Erfrischungen, und das in der Nähe befindliche Strandbad bietet eine weitere Möglichkeit zum Entspannen.

Zu erreichen ist das Museum über die Küstenstraße Halmstad – Falkenberg.

Scania Museum

Saab-Scania AB
Scania Division
S-15187 Södertälje
Telefon 0755/34140

Öffnungszeiten:
Juni – August Einlaß werktags 11.00, 13.00 und 15.00 Uhr
Parkplätze außerhalb des Werksgeländes vorhanden

Schon 1918 plante man ein Museum, als in einem Ausstellungsraum das erste Vabis Automobil von 1897 und eine Reihe anderer Personen- und Lastwagen aus der Produktion jener Zeit präsentiert wurden.
Es währte jedoch noch über 50 Jahre, bis dieses Vorhaben realisiert werden konnte. Etwa zwei Jahre dauerten die Instandsetzungs- und Restaurierungsarbeiten an den Fahrzeugen und an dem hierfür vorgesehenen Gebäude, welches bereits 1908 errichtet wurde.
Am 29. September 1971 konnte endlich die Eröffnung stattfinden. 14 Exemplare aus der Scania-Vabis-Pro-

duktion haben hier ihren Alterssitz gefunden.
Ein Scania von 1903, Zweizylindermotor mit Kettenantrieb, ein Scania-Vabis von 1907, Luxus-Limousine von 1912, ein Phaeton von 1914 und das letzte Auto der Personenwagen-Produktion von 1929 repräsentieren eine längst vergangene Epoche.
Schon in den ersten Jahren dieses Jahrhunderts lag das Hauptaugenmerk auf der Herstellung von Nutzfahrzeugen, und so ist es nicht verwunderlich, daß Lastwagen, Omnibusse, Feuerwehren und Spezialwagen die Mehrzahl der Exponate darstellen.
Einige Fahrräder von 1903 bis 1905 und 10 Motoren vervollständigen das Produktionsbild dieses Unternehmens.
Weitere 40 Fahrzeuge sind im Besitz dieses Museums und zur Restaurierung vorgesehen.
Södertälje liegt ca. 30 km südwestlich von Stockholm. Autobahnabfahrt Södertälje.

National-Museum der Technik und Wissenschaft

Tekniska Museet
Norra Djurgarden
S-11527 Stockholm No
Telefon: 670855

Öffnungszeiten:
Montag bis Freitag 10.00–16.00 Uhr,
Samstag und Sonntag 12.00–16.00 Uhr
Parkplätze vorhanden

Milburn electric 1919.

Der Anblick des großen, mehrstöckigen Gebäudes läßt einen lehrreichen Rundgang vermuten. Neben zahlreichen Exponaten, die der Darstellung allgemeiner Technik dienen, beherbergt dieses 1932 eröffnete Museum eine Fahrzeug-Abteilung mit 15 Automobilen.

Das älteste unter ihnen, ein Surahammar-Vabis von 1897, und Scania 1902/03, Helios 1901 – ein Adler-Nachbau –, Ätvidaberg 1910 – ebenfalls ein Nachbau, nämlich des Chicagoer Holsman –, Thulin 1923, Kalmar »Tjörven« 1965 (und Volvo) sind Exemplare schwedischer Produktion. Innerhalb einer Reihe anderer Wagen dürften jene die bedeutendsten hier sein.

Milburn von 1915 und Anderson von 1917, beides Elektrowagen, sowie einige Lastwagen, Traktoren und eine kleine Sammlung Dreiradwagen seien der Vollständigkeit wegen noch erwähnt und erweitern den Informationsbereich von 60 Jahren Automobilbau aus sieben Ländern.

Mit 20 Motorrädern aus der Zeit von 1895 bis 1935 werden dem Zweirad-Freund sehenswerte Objekte geboten.

Das Museum ist im Besitz von 40 Autos, und ein Austausch der Ausstellungsstücke ist daher von Zeit zu Zeit möglich.

Eine Cafeteria ist diesem Museum angeschlossen und sicher ein willkommener Platz für eine Atempause und für eine Erfrischung.

SAAB-Museum

Saab Scania AB
Albert Trommer, Bildivision
S-46180 Trollhättan
Tel. 0046/520/12600

Öffnungszeiten:
Nur nach vorheriger Vereinbarung

Saab Sonett.

Auf Anregung der Regierung wurde 1937 die Svenska Aeroplan AB (SAAB) gegründet. Gegen Ende des zweiten Weltkrieges war man sich bewußt, daß für die Zukunft ein weiteres Produktionsprogramm aufgenommen werden mußte. Automobil- und Flugzeugbau haben vieles gemeinsam und es war naheliegend, daß das nächste Projekt ein Automobil sein würde.
Im werkseigenen Museum, welches 1977 gegründet wurde, zeigen 35 bis 40 Fahrzeuge den Werdegang der Automobilproduktion des Unternehmens, beginnend mit dem SAAB 92. Der querliegende, wassergekühlte Zweitakt-Zweizylindermotor leistete 25 PS. Dieser Wagen erreichte eine Höchstgeschwindigkeit von 107 km/h. Die hierauf folgenden Typen besaßen wesentliche Verbesserungen in Aufbau und Konstruktion und die sportliche Note wurde beim SAAB Sonett besonders hervorgehoben. Einige ausgestellte Rallyefahrzeuge beweisen, daß SAAB auch auf dem sportlichen Sektor erfolgreich ist.

Saab 92.

Mit Automobilen modernster Bauart und Technik beschließt diese Sammlung das Programm.
Trollhättan liegt nördlich von Göteborg. Die Entfernung beträgt ca. eine Autostunde.

ANHANG

Zweirad-Museum

3352 Einbek

Die wegen eines Großbrandes ausgelagerte Sammlung soll in absehbarer Zeit eine angemessene Bleibe erhalten. Hierfür ist das Stadt-Museum in Einbeck vorgesehen. Dort stehen dann überwiegend Zweiräder, davon einige motorisiert, aber auch eine kleinere Zahl von Automobilen.

Bei Drucklegung des Buches waren nähere Einzelheiten zu dieser Ausstellung noch nicht bekannt.
Einbeck liegt an der Bundesstraße 3 nordwestlich von Nordheim. Autobahn Kassel – Hannover.

Werner-von-Siemens-Institut für Geschichte des Hauses Siemens

Prannerstraße 10
8000 München 2
Tel. 089/2342660

Öffnungszeiten:
Montag bis Freitag 9.00–16.00 Uhr,
Samstag und Sonntag 10.00–14.00 Uhr,
an Feiertagen geschlossen

Wie der Name sagt, befaßt sich dieses Institut mit der Geschichte des Hauses Siemens. Der hier gezeigte 10/45 PS Protos von 1925 hat einen Hubraum von 2,6 Liter.

Protos-Wagen wurden von 1908 bis 1927 bei Siemens & Schuckert in Berlin am Nonnendamm gebaut. Es handelte sich um Automobile mit einem guten Ruf.

Zweiradsammlung Walter Thede

Kringelkrug 14
2240 Ostrohe

Die private Sammlung umfaßt ca. 140 Motorräder und Fahrräder mit Hilfsmotor sowie 20 Fahrräder. Sie ist in einem landwirtschaftlichen Gebäude untergebracht und kann auf Anfrage besichtigt werden.
Ostrohe liegt bei Heide, westlich von Rendsburg.

Kraftfahrzeugtechnisches Museum

Schloßstraße
3180 Wolfsburg
Tel. (05361) 925014

Noch nicht eröffnet

In einer ehemaligen, unter Denkmalschutz stehenden Brauscheune soll die der Volkswagenwerk AG gehörende Autosammlung untergebracht werden. Auf dem Schloßgelände in Alt-Wolfsburg bietet sich ein größerer Raum für die bereits innerhalb des Volkswagenwerks stehenden sowie für weitere Fahrzeuge an.
Zu den vorhandenen Wagen VW Nr. 3 (485000 km), VW »Weltmeister« 1972, Porsche Typ 32 (NSU) 1934, VW-Fahrgestell 1948, Kübelwagen Typ 82 von 1944, Kommandeurwagen, Schwimmwagen, VW Cabriolet von 1938 und 1949, Formel V von 1965 und zum ersten DKW mit Frontantrieb von 1931 können dann noch Fahrzeuge von Audi, DKW, Wanderer und Horch (Automobile der ehemaligen Auto Union) ausgestellt werden.
Ein Neubau als Erweiterung ist ebenso geplant, so daß auch hier eine umfangreiche Dokumentation dieses Werkes gewährleistet wird.

Colección de Automóviles de Salvador Claret

Kilometro 706
E-Sils (Gerona)
Tel. 972/853020, 853036

Öffnungszeiten:
Montag bis Samstag 10.00–13.00 und 15.00–18.00 Uhr,
Sonn- und Feiertage 9.00–13.00 Uhr
Parkplätze vorhanden

Das bedeutendste, mit über 100 Automobilen wohl auch das größte Automuseum Spaniens, offenbart dem Besucher manch seltene Wagen. Besonders erwähnenswert sind die der ehemaligen spanischen Automobilproduktion entstammdenden Fahrzeuge Artés de Arcos, Biscuter, David, Ideal, Nacional, P.T.V., Salamanca und Salvador.
Das Museum ist über die Nationalstraße II, Madrid–Frankreich, am km-Stein 706 zu erreichen. Die Entfernung zur Costa Brava beträgt 15 km.

Collection Ferrari

Le Mas-du-Clos
Les Puids
F-23200 Aubusson
Tel. 1655674426

Öffnungszeiten:
nach telefonischer Vereinbarung
Parkplätze vorhanden

Bei der aus ca. 40 Automobilen der Marke Ferrari bestehenden Sammlung handelt es sich größtenteils um Werkswagen und von der Scuderia Ferrari übernommene Fahrzeuge.
Man findet die Collection Ferrari 15 km von Aubusson entfernt an der D 941, Richtung Clermont-Ferrand.

Museé Automobile de l'Abbatiale

Le Bec-Hellouin
F-27800 Brionne
Tel 16 (32) 448606

Öffnungszeiten:
täglich 9.00–12.00 und 14.00–19.00 Uhr
Parkplätze vor dem Museumseingang

Auf 1200 qm können ca. 50 Automobile besichtigt werden. Die hier ausgestellten Sport-, Renn- und Luxuswagen befinden sich in einem guten Zustand und sind fahrbereit.

Brionne liegt an der N 138, ca. 40 km südwestlich von Rouen (150 km von Paris) entfernt.

Museé Automobile

Museé de l'Automobile et de la Technique de Chatellerault
3, rue Clement Krebs
F-86100 Chatellerault
Tel. (49) 210346

Öffnungszeiten:
täglich 9.00–12.00 und 14.00–18.00 Uhr,
Dienstag geschlossen
Parkplätze vorhanden

Die gesamte Entwicklung des Autos ab 1882 bis 1966 wird in diesem Museum durch 120 Fahrzeuge demonstriert. Die in zwei Etagen untergebrachten Exponate zeigen unter anderem Motorräder, Fahrräder, Fahrgestelle und Zubehör.
Das Museum befindet sich im Gebäude einer alten Waffenfabrik an der N 10 zwischen Tours und Poitiers.

Museé Automobile de Basse-Normandie

17, Place Saint Jean
F-61100 Flers
Tel. (33) 652366 und 653861

Öffnungszeiten:
Sommer 14.00–19.00 Uhr,
Winter 13.00–17.00 Uhr
Parkplätze vorhanden

Das älteste hier ausgestellte Fahrzeug ist aus dem Jahr 1898, und weitere 30 Personen- und 15 Rennwagen bekunden Automobilgeschichte bis 1940. Außerdem wird dieses Museum durch eine Sammlung ausgewählter Motorräder ein Anziehungspunkt für Zweiradfreunde.
Flers liegt im Departement Orne, ca. 50 km südlich von Caen.

Motor Museum

Museé de l'Automobile du Mans
Circuit des 24 Heures
Les Raineries, X 19
F-72040 Le Mans
Tel. (43) 840823

Öffnungszeiten:
Palmsonntag – 31. Okt. 9.00–12.00 und 14.00–19.00 Uhr,
1. Nov. – Palmsonntag 9.00–12.00 und 14.00–18.00 Uhr,
dienstags geschlossen
Parkplätze in der Nähe

Eine imposante Sammlung von Fahrzeugen aus den Jahren 1884 bis 1974 bietet dieses Museum. Wagen aller Marken und Typen, angefangen vom Dampfwagen bis zu den Rennsportwagen der 24-Stunden-Rennen, lassen noch genügend Raum für Fahrräder, Motorräder und Motoren, die den Fahrzeugen zugeordnet sind.
Das Museum befindet sich auf dem Gelände der Rennstrecke, am südlichen Stadtrand.

Musée de l'automobile

192, avenue de Colmar
F-68100 Mulhouse

Die schon in den 60er Jahren bekannt gewordene Autosammlung der Gebrüder Schlumpf entwickelte sich zur berühmtesten Oldtimer-Kollektion Europas. Lang andauernde rechtliche Streitigkeiten verhinderten immer wieder die Eröffnung eines regulären Museums. 1981 gelangten die Fahrzeuge in die Verfügungsgewalt der »Vereinigung des nationalen Automo-

bil-Museums von Mülhausen«, der die Stadt Mülhausen, das Departement Ober-Elsaß, der Regionalrat Elsaß, die Handels- und Industriekammer, die Société Panhard, der ACF und der Verband Pariser Autosalon angehören.
Dem Informationsstand bei Abschluß der Arbeiten zu diesem Buch zufolge sollen 437 Wagen der ursprünglich rund 600 Autos zählenden Sammlung von Sommer 1982 an öffentlich zugänglich sein. Dazu gehören allein 122 Bugattis, darüber hinaus aber auch absolute Raritäten anderer Fabrikate aus 80 Jahren Automobilbau.

Myreton Motor Museum

GB-Aberlady (East Lothian)
Scotland
Tel. Aberlady 288

Öffnungszeiten:
Ostern, Mai – Okt. tägl. 10.00–18.00 Uhr,
Okt. – Ostern Sa. u. So. 10.00–17.00 Uhr

Dieses Museum beherbergt die größte Sammlung von Fahrzeugen, die einst die schottischen Straßen belebten. Neben Personen- und Nutzfahrzeugen werden Traktoren und Militärwagen sowie Fahr- und Motorräder gezeigt. Kutschen und Flugzeugmotoren bieten eine interessante Abwechslung.
Aberlady liegt 27 km östlich von Edinburgh. Das Museum befindet sich 3 km außerhalb Aberlady in östlicher Richtung.

Birmingham Museum of Science and Industry

Newhall Street
GB-Birmingham B3 1RZ
Tel. 021/ 236 1022

Öffnungszeiten:
Montag bis Freitag 10.00–17.00 Uhr,
Samstag 10.00–17.30 Uhr,
Sonntag 14.00–17.30 Uhr
Parkplätze in der Nähe

Das auf drei Etagen in einer ehemaligen Fabrik untergebrachte Industrie-Museum besteht seit 1950. In der ca. 600 qm großen Transport-Abteilung werden 23 Automobile gezeigt, unter ihnen der Napier Railton, mit dem John Cobb sechzehn Jahre den absoluten Geschwindigkeitsrekord halten konnte. 23 Motorräder, eine Straßenbahn und eine Feuerwehr sind weitere Ausstellungsstücke.
Das Museum liegt in der Innenstadt.

Bristol Industrial Museum

Princes Wharf
GB-Bristol BS1 4RN
Tel. 0272/299 771

Öffnungszeiten:
Samstag bis Mittwoch 10.00–12.00 und 13.00–17.00 Uhr
Parkplätze in der Nähe

Die Industrie- und Transport-Abteilung dieses heimatkundlichen Museums zeigt 6 Automobile, die in Bristol gebaut wurden. Außerdem zeugen 2 Lastwagen und einige Douglas Motorräder von der Beteiligung der Motorisierung der Straßen.
Das Museum befaßt sich mit der Geschichte Bristols und seiner Umgebung vom 17. Jahrhundert an.

Goughs Motor Museum

Cliff Street
GB-Cheddar BS27 3QB
Tel. 242420

Öffnungszeiten:
Sommer 9.00–21.00 Uhr,
Winter 10.00–16.30 Uhr
Parkplätze vorhanden

Mit ca. 30 Veteranen zählt dieses Museum zwar nicht zu den umfangreichsten, wird jedoch mit einer Anzahl von Fahr- und Motorrädern zu einem interessanten Anziehungspunkt. Eine Reihe von nostalgischem Beiwerk dekoriert diese bunte Sammlung.
Das Museum befindet sich in der Nähe der berühmten Cheddar-Schlucht an der A 371, 32 km südlich von Bristol und 210 km südwestlich von London.

Museum of British Road Transport Coventry

Cook Street
GB-Coventry

Öffnungszeiten:
Dienstag bis Freitag 10.30–17.00 Uhr,
Samstag 10.00–18.00 Uhr,
Sonntag 12.00–18.00 Uhr
Parkmöglichkeiten in der Nähe

Die in diesem Museum ausgestellen Exponate haben ihre Heimat in Coventry. Auf ca. 3700 qm werden 110 Personen- und Nutzfahrzeuge präsentiert. 50 Motoren und 200 Fahrräder zeugen von der Schaffenskraft, die von diesem Industrie-Zentrum ausgeht.
Das Museum befindet sich in der Innenstadt in der Nähe des Coventry-Theaters.

Manx Motor Museum

GB-Crosby
Isle of Man

Öffnungszeiten:
1. Juni–5. Sept. Montag bis Freitag
10.00–17.00 Uhr,
sonntags geschlossen
Parkplätze vorhanden

Der Gesamtbestand an Fahrzeugen dieses Museums beträgt 40 Exponate, wovon 25 ständig ausgestellt sind. Bei diesen Automobilen handelt es sich um Dampf-, Elektro- und benzinbetriebene Wagen aus den Jahren 1900 bis 1960.
Das Museum befindet sich an der TT-Rennstrecke, 4 Meilen von Douglas in Richtung Peel entfernt.

Doune Motor Museum

Doune Admissions Ltd.
GB-Doune, Perthshire
Scotland
Tel. STD 0786–84–203

Öffnungszeiten:
April, Mai täglich 10.00–16.30 Uhr,
Juni – Aug. tägl. 10.00–18.00 Uhr,
Sept., Okt. tägl. 10.00–16.30 Uhr
Parkplätze vorhanden

Der Charakter dieses Museum wird von Personen-, Sport- und Rennwagen geprägt, und ca. 35 Fahrzeuge dieser Art sind hier versammelt.

Man findet das Museum 8 Meilen nordwestlich Stirling an der A 84 in Richtung Callander.

Royal Scottish Museum

Chambers Street
GB-Edinburgh
Tel. 031/225 7534

Öffnungszeiten:
Montag bis Samstag 10.00–17.00 Uhr,
Sonntag 14.00–17.00 Uhr,
Weihnachten und Neujahr geschlossen
Parkmöglichkeiten in der Nähe

Das National-Museum ist eines der bedeutendsten seiner Art in Europa. In der Abteilung Technologie werden neben Motoren und Modellen von Fahrzeugen 4 komplette Automobile präsentiert, deren nationale Zugehörigkeit einen Platz in diesem Museum rechtfertigt.
Das Museum liegt in der Innenstadt, nur wenige Minuten vom Hauptbahnhof entfernt.

The Museum of Transport

25, Albert Drive
GB-Glasgow G41 2PE
Tel. 041 423 8000

Öffnungszeiten:
Montag bis Samstag 10.00–17.00 Uhr,
Sonntag 14.00–17.00 Uhr,
Weihnachten und Neujahr geschlossen
Parkmöglichkeiten in der Nähe

Dieses Museum zeigt eine respektable Sammlung von Transportmöglichkeiten aus mehr als 150 Jahren. Mit 44 Automobilen und 47 Motorrädern wird ein Querschnitt durch die Entwicklung der Motorisierung des Transportwesens aufgezeigt.
Das Museum befindet sich 2 km südlich der Innenstadt an der A 77 Richtung Glasgow-Kilmarnock Road.

Transport Museum

36, High Street
GB-Kingston upon Hull, North Humberside

Öffnungszeiten:
Montag bis Samstag 10.00–17.00 Uhr,
Sonntag 14.00–16.30 Uhr
Parkhaus in der Nähe

Historische Kutschen, Fahrräder und einige Motorräder bilden mit 12 Automobilen eine kleine Abteilung der Personenbeförderung. Bei letzteren handelt es sich überwiegend um Fahrzeuge aus den frühen Anfängen des Automobilbaus.
Kingston upon Hull liegt an der Ostküste, östlich von Manchester.

Leicestershire Museum of Technology

Corporation Road, off Abbey Lane
GB-Leicester

Öffnungszeiten:
Montag bis Samstag 10.00–17.30 Uhr,
Sonntag 14.00–17.30 Uhr
Parkplätze vorhanden

Das in der Pumpen-Station eines Klosters aus der viktorianischen Zeit untergebrachte Museum befaßt sich hauptsächlich mit den technischen Erzeugnissen dieser Grafschaft. Den überwiegenden Anteil hierzu bilden die ausgestellten Motorräder.
Das Museum liegt 1,5 Meilen nördlich von Leicester an der A 6, über die Ring Road (A 5131) zu erreichen.

Motorcycle & Car Museum

Stanford Hall
GB-Lutterworth, Leicestershire LE 17 6DH
Tel. Swinford 250

Öffnungszeiten:
Ostern bis Ende September: Donnerstag, Samstag, Sonntag 14.30–18.00 Uhr, an verschiedenen Feiertagen auch Montag und Dienstag geöffnet.
Parkplätze vorhanden

Der größte Teil dieser Sammlung besteht aus Motorrädern, die wegen ihrer Seltenheit und Erfolge bei Rennen berühmt wurden. Von den wenigen Automobilen sind der Hurtu von 1897 und der Carden von 1920 besonders erwähnenswert.

Eine Nachbildung von Percy Pilchers Flugmaschine von 1898 und einmalige Fotos finden sicher großes Interesse. Stanford Hall befindet sich an der B 5414, 32 Meilen südöstlich von Birmingham und 82 Meilen nördlich von London.

Pembrokeshire Motor Museum

Pembroke Dock
GB-Pembrokeshire, SA72 6YH
Tel. 3279

Öffnungszeiten:
Mai – Sept. tägl. 10.00–18.00 Uhr, außer Samstag
Parkplätze genügend vorhanden

Das alte Royal Garrison Theatre wurde zum Museum umfunktioniert und somit zur Ausstellungshalle von ca. 20 Veteran- und Vintagecars. Ein Oldsmobile von 1903 ist der Senior der Fahrzeuge. Auch einige Modelle, Fahr- und Motorräder und viel Zubehör haben hier ihren Platz gefunden.
Pembroke liegt im Südwesten Wales, nordwestlich von Bristol und ist über die E 105 zu erreichen.

Sandringham Museum

Estate Office
GB-Sandringham, Norfolk
Tel. Kings Lynn 2675

Öffnungszeiten:
ab 6. April Dienstag, Mittwoch, Donnerstag.
Mai bis 25. Sept. nur Donnerstag,
ab 25. Sept. Sonntag bis Donnerstag
Sandringham House 11.00–16.45 Uhr, Sonntag 12.00–16.45 Uhr.
Sandringham Grounds 10.30–17.00 Uhr, Sonntag 11.30–17.00 Uhr.
Bei Anwesenheit Ihrer Majestät geschlossen

Die private Residenz der königlichen Familie ist ein beliebtes und abwechslungsreiches Ausflugsziel. Eine kleine Sammlung von 9 Automobilen und andere Sehenswürdigkeiten machen einen Besuch lohnend.
Sandringham liegt an der Ostküste nordwestlich von Norwish.

Banham International Motor Museum

Banham Museum Office
Grundisburgh Hall
GB-Woodbridge, Suffolk
Tel. 047335/202

Öffnungszeiten:
Sommer täglich 11.00–17.00 Uhr
Parkplätze vorhanden

40 Fahrzeuge aus fünf Jahrzehnten sowie Motorräder, Hovercraft und Motoren bilden den eigentlichen Bestand dieses Museums. Jedoch auch Fahrräder, Pedal- und Modellwagen, außerdem eine Sammlung von Puppen aus aller Welt und ein zoologischer Garten machen dieses Museum zum Ausflugsziel für die ganze Familie.
Man findet das Museum am Zoo von Banham, Norfolk, an der B 1113 zwischen Attleborough und Diss.

Rijksmuseum Palais Het Loo

Koninklijk Park
NL-7315 JA Apeldoorn
Tel. 055/212244

Öffnungszeiten:
täglich 10.00–17.00 Uhr
Parkplätze vorhanden

Die Fahrzeug-Abteilung ist ein Teil der historischen Sammlung und stellt neben Kutschen und Zweirädern 4 Automobile aus. Bei diesen Autos handelt es sich um Leihgaben von Het Koninklijk Staldepartement.
Apeldoorn ist über die E 8 zu erreichen.

Auto-Sammlung

Auto-Sammlung J. Martens
Bolmansweg 7A
»Eekwold«
NL-7214 DL Epse

Öffnungszeiten:
nur auf Anfrage

Die seit mehr als 20 Jahren aus Liebhaberei gesammelten 25 Veteranen, Klassiker und Rennwagen wurden zu einer museumsähnlichen Schau zusammengestellt. Leider ist diese nicht der Allgemeinheit zugänglich, jedoch für ernsthaft Interessierte und Automobil-Clubs öffnen sich die Tore.
Epse liegt südlich Deventer und ca. 25 km östlich Apeldoorn.

Museu do Automóvel

P-Caramulo
Tel. 032/86493

Öffnungszeiten:
täglich 10.00–18.00 Uhr

Das rund 2500 qm große Museum bietet Fahrzeugen zahlreicher Marken und Typn Platz. Mit über 50 Automobilen aus 5 Jahrzehnten zeigt diese Sammlung einen beachtlichen Überblick der Automobilproduktion Europas und Amerikas. Einige interessante Motorräder passen sich dieser Umgebung an.

Caramulo liegt östlich von Aveiro und 30 km westlich von Viseu.

Polytechnisches Museum

Nowaja Plotschad 3/4
UdSSR-101000 Moskau
Tel. 295–06–14, 223–79–79

Öffnungszeiten:
Mittwoch, Freitag, Samstag, Sonntag 10.00–18.00 Uhr,
Dienstag, Donnerstag 13.00–21.00 Uhr,
Montag und letzter Tag des Monats geschlossen

Von den 12 Abteilungen dieses Museums bietet eine 950 qm große Halle 20 Automobilen eine Unterkunft. Hierbei handelt es sich überwiegend um Fahrzeuge modernerer Bauart, jedoch einige historische Raritäten aus der Frühzeit der UdSSR bilden einen sehenswerten Kontrast. Weitere 43 Oldtimer gehören zum Bestand des Museums.

Die Automobil-Abteilung erreicht man durch den Eingang I.